Forschung und Praxis · Band 78

Berichte aus dem Fraunhofer-Institut für Produktionstechnik und Automatisierung, Stuttgart, und dem Institut für Industrielle Fertigung und Fabrikbetrieb der Universität Stuttgart

Herausgeber: Prof. Dr.-Ing. H. J. Warnecke

Jürgen Wolfgang Mann

Galvanisieren mit moduliertem Strom

Mit 58 Abbildungen

Springer-Verlag
Berlin Heidelberg New York Tokyo 1984

Dipl.-Ing. Jürgen Wolfgang Mann
Fraunhofer-Institut für Produktionstechnik und Automatisierung (IPA), Stuttgart

Dr.-Ing. H. J. Warnecke
o. Professor an der Universität Stuttgart
Fraunhofer-Institut für Produktionstechnik und Automatisierung (IPA), Stuttgart

D 93

ISBN-13:978-3-540-13733-7 e-ISBN-13:978-3-642-82356-5
DOI: 10.1007/978-3-642-82356-5

Gesamtherstellung: Copydruck GmbH, Offsetdruckerei, Industriestraße 1-3, 7258 Heimsheim, Telefon 0 70 33/38 25-26
2362/3020–543210

Geleitwort des Herausgebers

Die Entwicklungen in der Produktionstechnik in den letzten Jahrzehnten haben entscheidend zur positiven wirtschaftlichen und sozialen Entwicklung in der Bundesrepublik Deutschland beigetragen. Die Produktivität konnte jedes Jahr um durchschnittlich etwa 3,5 % gesteigert werden. Mechanisierung und Automatisierung wurden und werden stetig weiter vorangetrieben. Während es sich bisher jedoch um Verbesserungen an einzelnen Maschinen und Anlagen sowie Verfahren handelte, werden heute alle Unternehmensbereiche erfaßt, und man ist bemüht, das gesamte System Unternehmen bzw. Produktionsbetrieb zu optimieren. Das klassische Bemühen um Optimierung des Einsatzes und Zusammenwirkens der Produktionsfaktoren Mensch, Maschine und Material muß heute erweitert werden um die Berücksichtigung sozialer Belange, gesetzlicher Auflagen, Probleme der Energieversorgung , schnellen Veränderungen an den Produkten und auf den Märkten sowie Sicherung der Qualität und der Lieferfähigkeit.

Von wissenschaftlicher Seite wird und muß dieses Bemühen unterstützt werden durch die Entwicklung von Methoden und Vorgehensweisen zur systematischen Analyse und Verbesserung des Systems Produktionsbetrieb. Hier ist heute insbesondere auch der Fertigungsingenieur gefordert, nicht nur einzelne Maschinen und Verfahren zu beherrschen, sondern das gesamte komplexe System hinsichtlich der Verknüpfung seiner Elemente durch zweckmäßigen Informations- und Materialfluß. Beispielhaft seien dazu nur hinsichtlich des Informationsflusses die heute gegebenen Möglichkeiten der Datenerfassung und -verarbeitung in Fertigungsplanung und -steuerung an den einzelnen Produktionsanlagen sowie im Qualitätswesen genannt. Im Materialfluß geht es um richtige Auswahl und Einsatz von Fördermitteln, Förderhilfsmitteln sowie Anordnung und Ausstattung von Lägern. Der weiteren Automatisierung in der Handhabung von Werkstücken und Werkzeugen sowie der Montage von Produkten wird in nächster Zukunft allergrößte Aufmerksamkeit geschenkt werden. Leistungsfähige Sensoren werden die Möglichkeiten dafür sehr stark vergrößern.

Die beiden vom Herausgeber geleiteten Institute, das Institut für Industrielle Fertigung und Fabrikbetrieb der Universität Stuttgart sowie das Fraunhofer-Institut für Produktionstechnik und Automatisierung in Stuttgart, arbeiten in grundlegender und angewandter Forschung intensiv an den aufgezeigten Entwicklungen in der Produktionstechnik mit. Zur Umsetzung gewonnener Erkenntnisse wird die Schriftenreihe "IPA Forschung und Praxis" herausgegeben. Der vorliegende Band setzt diese Reihe fort, eine Übersicht über bisher erschienene Titel wird am Schluß dieses Bandes gegeben.

Dem Verfasser sei für die geleistete Arbeit gedankt, dem Springer-Verlag für die Aufnahme dieser Schriftenreihe in seine Angebotspalette und der Druckerei für saubere und zügige Ausführung. Möge das Buch von der Fachwelt gut aufgenommen werden.

Hans-Jürgen Warnecke

Vorwort

Die vorliegende Arbeit entstand während meiner Tätigkeit als wissenschaftlicher Mitarbeiter am Fraunhofer-Institut für Produktionstechnik und Automatisierung (IPA) in Stuttgart.

Herrn Professor Dr.-Ing. H.-J. Warnecke, dem Direktor des IPA, bin ich für die wohlwollende Förderung dieser Arbeit und für seine wertvollen Hinweise zu Dank verpflichtet.

Herrn Professor Dr.-Ing. J. Krüger, Institut für Metallhüttenwesen und Elektrometallurgie der RWTH Aachen, danke ich für die kritische Durchsicht des Manuskripts und für die Übernahme des Mitberichts.

Nicht zuletzt gilt mein Dank allen Kolleginnen und Kollegen am IPA, die mich durch Rat und Tat bei der Arbeit unterstützt haben, unter ihnen besonders die Herren Dr.-Ing. K. Zerweck, Dipl.-Ing.(FH) T. Bolch und Dipl.-Ing. G. Stief.

Stuttgart 1984 Jürgen Wolfgang Mann

Inhaltsverzeichnis Seite

Verwendete Formelzeichen und Einheiten

Zeichen	Einheit	Bezeichnung
A	dm^2	Fläche
C	$\mu F/cm^2$	Doppelschichtkapazität
c	g/l	Metallionenkonzentration
d	µm	Schichtdicke
d'	mm	Diffusionsschichtdicke
E	-	Effektivität
Em	N/mm^2	Elastizitätsmodul
F	C	Faraday-Konstante
f	Hz	Frequenz
G	g	Stoffmenge
I	A	Stromstärke
i	A/dm^2	Stromdichte
K	$(A^2.s)/dm^4$	Konstante
L	mm	Länge
M	$(A/dm^2)/Hz$	Modulationsstärke
m	mg	Masse
P	W	Leistung
Q	C	Ladungsmenge
R	Ω	Widerstand
r	mm	Radius
S	%	Streufähigkeit
T	s	Zeitdauer
t	s	Zeit
U	V	Spannung
V	%	Elektrodenverschleiß
x	mm	Kathodenabstand
δ	mm	Längenänderung
η	%	Stromausbeute
ϑ	mm^3/min	Werkstückabtrag
$\varkappa$	S/m	Elektr. Leitfähigkeit
σ	N/mm^2	Makro-Eigenspannungen
φ	mV	Kathodenpotential
-	µm/h	Abscheidegeschwindigkeit
-	mol/l	Mengenkonzentration (Molarität)

Indizes:

anodisch	a
Bad-	B
Effektiv-	eff
anodenfern	f
Grenz-	G
Gesamt-	g
Strom-	I
kathodisch	k
Massen-	M
Meß-	m
Maximal-	max
anodennah	n
Proben-	P
Soll-	S
Ruhe-	0
Elektrolyt 1	1
Elektrolyt 2	2

Sonstige Zeichen:

Durchschnitts-	$\bar{x}$
Spitzen-	$\hat{x}$
-verhältnis	x^*
-schwingungsbreite	Δx
Differential	dx

1 Einleitung

Die Galvanotechnik hat sich im Verlauf ihrer Entwicklung laufend neue Anwendungsgebiete erschlossen. Zum herkömmlichen "Veredeln" hat sich eine Vielzahl neuer Bereiche gesellt, die immer vielfältigere Anforderungen an die galvanischen Schichten stellen. Daher hat es sich eingebürgert, das Gebiet der Galvanotechnik in die Bereiche dekorative Galvanotechnik, Korrosionsschutz und funktionelle Galvanotechnik einzuteilen. Auch wenn sich diese Einteilung nicht überall schematisch anwenden läßt, ist doch deutlich zu erkennen, daß einfache Qualitätsmerkmale wie "glänzend, nichtrostend usw." den Ansprüchen an die neuzeitliche Galvanotechnik nicht mehr gerecht werden. Vielmehr werden zunehmend unterschiedliche, genau umrissene Schichteigenschaften gefordert, die für jedes Einsatzgebiet anders sein können und von deren Einhaltung die Funktionstüchtigkeit eines Bauteils völlig abhängen kann (Bild 1).

Dieser allgemeine Sachverhalt trifft auch zu für Kupfer als einem der technisch wichtigsten Schichtwerkstoffe /3/. Ein besonders interessantes Anwendungsgebiet ist hier die Galvanoformung zum Herstellen dicker selbsttragender Schichten. Sie bietet sich vor allem für die Fertigung komplizierter Werkstücke mit hohen Genauigkeitsanforderungen an /4 - 6/. Solche Anforderungen bestehen beispielsweise bei Funkenerosionselektroden für die Werkzeugfertigung. In der Kombination der Funkenerosion mit durch Galvanoformung hergestellten Elektroden ergänzen sich zwei lohnkostensparende Fertigungsverfahren in sehr günstiger Weise /7/. Dieses Anwendungsgebiet bestimmt den Schwerpunkt der vorliegenden Arbeit.

Kupfer wird aus vier gebräuchlichen Elektrolyttypen abgeschieden. Neben den Pyrophosphat- und Fluoboratelektrolyten, deren gute Eigenschaften mit einem hohen Preis erkauft werden müssen, werden cyanidische und schwefelsaure Bäder verwendet /3, 8/. Saure Bäder zeichnen sich durch einen niedrigen Preis, relative Umweltfreundlichkeit, einfache Prozeßführung und das Arbeiten bei Raumtemperatur aus. Vor allem die niedrige Temperatur ist für ein maßgenaues Abformen von Kunststoffmodellen sehr vorteilhaft, weshalb sich die beschriebenen Untersuchungen auf diesen Elektrolyttyp beschränken.

Bild 1: Die Funktionsbereiche der Galvanotechnik: Wichtige Schichteigenschaften und Einsatzgebiete für Kupfer (nach /1,2/)

Die Eigenschaften galvanisch hergestellter Schichten und speziell auch solcher aus sauren Kupferelektrolyten sind laufend Gegenstand von Verbesserungsbestrebungen. Vor allem werden Verbesserungen angestrebt für die prinzipiell ungleichmäßige Schichtdickenverteilung, die Eigenspannungen der Schichten, die Gefügestruktur und die begrenzte Abscheidegeschwindigkeit. Diese macht mit charakteristischen Werten des Schichtwachstums von 10 bis 50 µm/h die Galvanoformung zu einem sehr zeitaufwendigen Prozeß /9 - 12/.

Durch Optimieren der Elektrolytzusammensetzung und der Verfahrensparameter kann ein galvanischer Prozeß einem bestimmten Anwendungsfall in weiten Grenzen angepaßt werden (Bild 2). Insbesondere hinsichtlich Elektrolyttyp und Badzusätzen wurden in den letzten Jahrzehnten erhebliche Fortschritte erzielt; seit einiger Zeit jedoch scheint sich hier eine gewisse Stagnation bemerkbar zu machen. Eine Ursache dafür liegt sicherlich darin, daß ein Übermaß an Badzusätzen neben der Verbesserung einzelner Eigenschaften eine Verschlechterung anderer hervorrufen sowie Nachteile bei den Prozeßkosten, der Badführung und der Abwasserbelastung bringen kann /3, 8, 13 - 16/. Die Schichtdickenverteilung läßt sich darüber hinaus durch geometrische Maßnahmen wie Blenden oder Hilfsanoden verbessern, was jedoch wegen des Aufwandes unerwünscht ist. Die Abscheidegeschwindigkeit kann durch erhöhte Elektrolyt- oder Werkstückbewegung gesteigert werden; diese Maßnahme scheidet allerdings für komplizierte Werkstückgeometrien aus /17 - 19/.

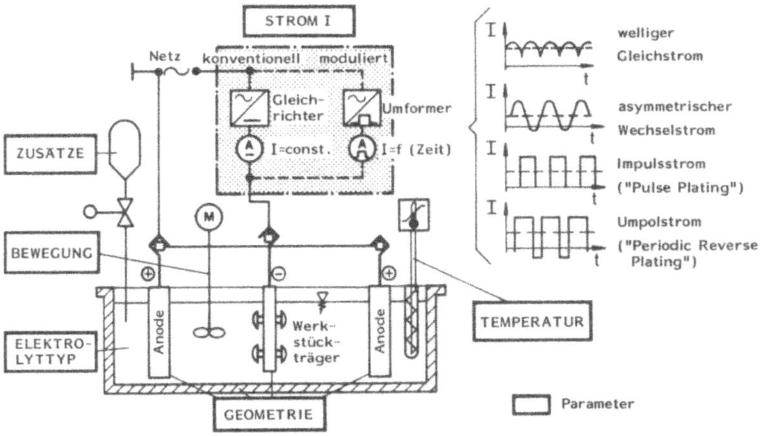

Bild 2: Strommodulation als Verfahrensparameter beim galvanischen Beschichten

In der Praxis wenig beachtet wurde bisher die Möglichkeit, anstelle des üblicherweise verwendeten Gleichstroms zeitlich veränderlichen Abscheidestrom einzusetzen. Dabei ist die Möglichkeit, durch periodisch veränderten - modulierten - Strom Schichteigenschaften gezielt zu beeinflussen, seit geraumer Zeit bekannt /8, 20 - 24/. Die aus der Literatur und einigen wenigen Anwendungsfällen bekannten Vorteile dieser Verfahrensvariante haben für die nachfolgend beschriebenen Untersuchungen den Anstoß gegeben. Sie sollen die Frage beantworten, wieweit sich die Kupferabscheidung aus sauren Elektrolyten durch Strommodulation beeinflussen läßt und wieweit sich diese Technologie für den Einsatz in der Galvanoformung eignet. Mitursächlich für das erneute Aufgreifen dieser an und für sich altbekannten Technologie waren neue gerätetechnische Möglichkeiten, die sich mit der Entwicklung leistungsfähigerer elektronischer Bauelemente ergaben. Erst mit Hilfe der Leistungselektronik ist es möglich geworden, hohe Ströme mit Frequenzen bis in den Kilohertz-Bereich zu schalten.

2 Stand von Forschung und Anwendung

Das Prinzip der Strommodulation ist bereits seit Ende des 19. Jahrhunderts bekannt, hat aber bisher wenig praktische Bedeutung erlangt /25, 26/. Eine gewisse Blütezeit erlebte das Verfahren durch die Arbeiten von Jernstedt Ende der vierziger Jahre, die vor allem interessante Aspekte für das "Stromumpolverfahren" bei cyanidischen Kupferelektrolyten aufzeigten /20 - 23, 28 - 47/. Aus mehreren Gründen blieb die praktische Anwendung jedoch letztlich auf relativ wenige Fälle beschränkt: Cyanidische Elektrolyte wurden zunehmend durch saure ersetzt; viele Anforderungen wurden durch Badzusätze gleichwertig oder besser erfüllt; die zur Verfügung stehenden Stromversorgungseinrichtungen erlaubten für andere Elektrolyte keine optimalen Verfahrensparameter, vor allem waren keine hohen Umpolfrequenzen zu erreichen.
Seit Beginn der siebziger Jahre ist wieder ein deutlich steigendes Interesse zu beobachten. Ursachen dafür sind einerseits die erwähnten Grenzen im Einsatz von Badzusätzen, andererseits die erheblichen Fortschritte der Leistungselektronik, die neue Wege für die Stromversorgung eröffnet haben /48 - 57/.

Eine Vielzahl von Veröffentlichungen belegt dieses Interesse. Es fällt auf, daß die Mehrzahl der Arbeiten stark grundlagenorientiert ist und sich überwiegend mit pulsierendem Gleichstrom befaßt. Meist handelt es sich um Untersuchungen eines eng begrenzten Gebietes; umfassendere Arbeiten wurden erst in den letzten Jahren bekannt /58 - 60/. Eine Aufgliederung nach den Untersuchungsgegenständen der Veröffentlichungen ergibt folgendes Bild:
Als Werkstoff wurde Kupfer am häufigsten untersucht, speziell das Umpolverfahren für cyanidische Elektrolyte /20 - 23, 27 - 36, 42, 47, 58 - 60/. Für saure Elektrolyte wurde häufiger pulsierender Gleichstrom /61 - 68/ als umgepolter Strom eingesetzt /38, 39, 45, 69 - 71/. Gold und Goldlegierungen können als relativ gründlich untersucht gelten /72 - 80/, mit Einschränkungen auch Nickel /46, 57, 81 - 85/. Einige wenige Arbeiten liegen vor über Zink /86 - 88/ und Chrom /89 - 91/. Einzelne Ver-

öffentlichungen über weitere Werkstoffe sind beispielsweise bei Ibl /58/ aufgelistet.
Als Stromform wurde unter den verbreiteten Möglichkeiten: welliger Gleichstrom - asymmetrischer Wechselstrom - Impulsstrom - Umpolstrom (Bild 2) überwiegend der Impulsstrom betrachtet. Im allgemeinen wurde wegen der unterschiedlichen Art ihrer Erzeugung nur eine dieser Varianten verwendet. Die Anschauung, Strommodulation als Oberbegriff für verschiedene zeitlich veränderliche Stromformen zu betrachten, wie es in der vorliegenden Arbeit geschieht, ist nicht verbreitet. Eine Sonderrolle, weil meist unter dem Blickwinkel einer Störgröße behandelt, spielt der wellige Gleichstrom /24, 43, 64, 92/; gleichwohl verdienen die Untersuchungen in diesem Rahmen Beachtung.
Die Orientierung der Arbeiten ist vorwiegend auf die Grundlagen des Verfahrens im Labormaßstab ausgerichtet. Eine Anzahl meist neuerer Arbeiten, die sich vor allem mit Impulsströmen befassen, behandelt die Theorie der Abscheidung aus elektrochemischer Sicht /24, 60, 94 - 110/. Ausgesprochen praxisorientierte Arbeiten sind kaum zu finden.
Als Wirkungen von moduliertem Strom werden hauptsächlich Effekte im Bereich von Gefügestruktur, Schichtdickenverteilung und chemischer Zusammensetzung der Schicht genannt (Bild 3). Die Ergebnisse sind je nach Werkstoff und Elektrolyttyp unterschiedlich, nicht selten widersprechen sich die Aussagen verschiedener Autoren.

Die bekannt gewordenen Untersuchungen über saure Kupferelektrolyte erlauben keine fundierte Beurteilung der Möglichkeiten des Verfahrens. Neben theoretisch ausgerichteten Arbeiten über Impulsbeschichtung /63, 65/ werden als technisch bedeutsame Effekte gegenüber der Gleichstrombeschichtung genannt bessere Schichtqualität mit teilweise feinerem Gefüge /64, 67/, Aufrauhung der Oberfläche /62/, sinkende Stromausbeute und Streufähigkeit /61/. Abscheidung ohne Qualitätsverlust ist mit kurzen Impulsen unter Grenzstrombedingungen möglich /68/, wobei extrem kurze Impulse keine Wirkung zeigen /66/. Für bipolare Ströme sehr niedriger Frequenz wurde Glanz im zusatzfreien Elektrolyt erzielt /45/, ebenso im zusatzhaltigen Elektrolyt /71/. Bei Anwesenheit von Chloridionen war der Glanz wenig beeinflußbar /38/, die Schichten waren weicher und stärker feldorientiert als bei Gleichstrom /39/. Asymmetrischer Wechselstrom erzeugte ein isotropes Gefüge /69/.

WERKSTOFF	VORTEILE	NACHTEILE
Kupfer – cyanidisch	hohe Streufähigkeit Einebnung, Glanz hohe Abscheidegeschwindigkeit kompaktes Gefüge	
Kupfer – sauer	feines Gefüge Glanz	Aufrauhung schlechtere Streufähigkeit abnehmende Härte sinkende Stromausbeute
Gold und - Legierungen	feines Gefüge geringe Eigenspannungen Einebnung hohe Duktilität hohe Härte geringer Fremdstoffeinbau einstellbare Legierungszus.	abnehmende Verschleißfest. sinkende Stromausbeute geringerer Glanz abnehmende Härte
Nickel	feines Gefüge geringe Eigenspannungen hohe Härte Glanz	abnehmende Streufähigkeit sinkende Stromausbeute abnehmende Härte
Zink	feines Gefüge geringe Eigenspannungen hohe Härte gute Korrosionsbeständigkeit hohe Abscheidegeschwindigkeit hohe Duktilität geringe Wasserstoffversprödung	abnehmende Härte
Chrom	rißarme Schichten hohe Korrosionsbeständigkeit	matte Schichten

Bild 3: Beschriebene Auswirkungen der Strommodulation auf technische Schichteigenschaften /20-39, 45-47, 57-91/

Zur praktischen Einführung des Galvanisierens mit moduliertem Strom kann festgestellt werden, daß das Stromumpolen bei cyanidischen Kupferelektrolyten nach wie vor mit Erfolg eingesetzt wird, wenn auch nicht in großem Umfang. Im Elektroniksektor ist das Abscheiden von Gold und Goldlegierungen offensichtlich stark im Zunehmen begriffen, auch die Kupferabscheidung wird hier teilweise mit moduliertem Strom durchgeführt. In geringem Umfang wird modulierter Strom außerdem eingesetzt bei Zink, zur Kupferraffination /111, 112, 180/, zum Hartanodisieren von Aluminium /113, 114/ sowie zum Elektropolieren /115, 116/.
Der praktische Einsatz des Verfahrens steht und fällt mit einer genügend leistungsfähigen Stromversorgung.

Die Entwicklung auf diesem Gebiet ist noch nicht abgeschlossen. Marktgängige Geräte bieten zur Zeit Spitzenströme bis etwa 4000 A bei Frequenzen bis 5 kHz und Ausgangsspannungen bis 20 V (s. auch Kap. 8.4). Dies ist für kleinere Werkstückflächen, insbesondere in der Elektronik, durchaus ausreichend; für einen allgemeinen Durchbruch reichen diese Leistungen jedoch nicht aus.

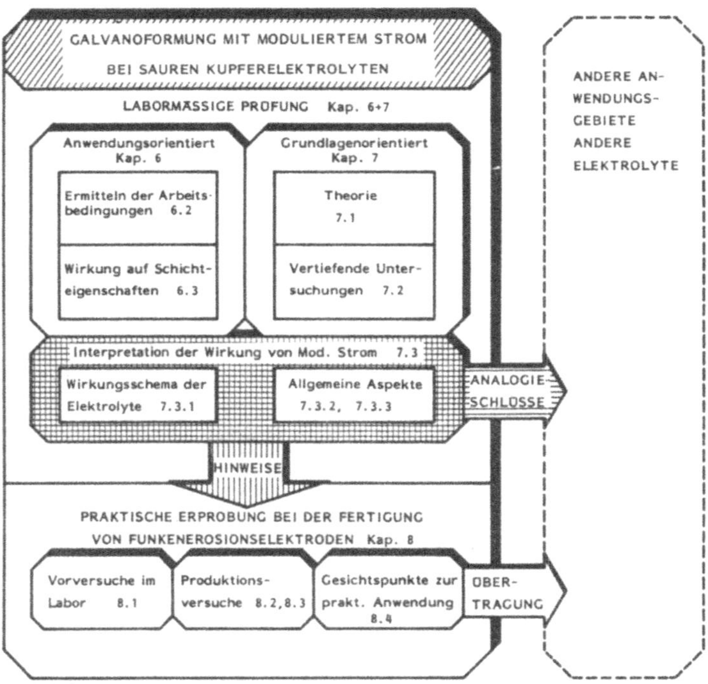

Bild 4: Aufbau der Untersuchungen (zu Kap. 3)

3 Aufgabenstellung und Ziel der Arbeit

Der Stand von Forschung und Technik zeigt auf, daß die besonderen Abscheidebedingungen bei Anwendung von moduliertem Strom die Eigenschaften galvanischer Schichten erheblich beeinflussen können. Es wurden teilweise bemerkenswerte und praktisch bedeutsame Verbesserungen gegenüber der Gleichstromabscheidung erreicht. Das gesamte Gebiet ist jedoch sowohl hinsichtlich Werkstoffen und Elektrolyten als auch hinsichtlich Art der Strommodulation und untersuchter Eigenschaften nur punktuell untersucht. Dies gilt auch in starkem Maß für die im Bereich der funktionellen Galvanotechnik wichtigen sauren Kupferelektrolyte.

Vor diesem Hintergrund soll die vorliegende Arbeit
- praktisch verwertbare Hinweise für die Einsatzmöglichkeiten und -bedingungen modulierten Stromes bei der Kupferabscheidung aus sauren Elektrolyten liefern sowie
- ein grundlegendes Verständnis für die Wirkungsweisen von moduliertem Strom insoweit vermitteln, daß damit auch Analogieschlüsse auf andere Anwendungsfälle möglich sind.

Dazu wurden untersucht (Bild 4):
- die Wirkung von moduliertem Strom auf wichtige technische Schichteigenschaften anhand zweier zusatzfreier Elektrolyte unterschiedlicher Zusammensetzung und rechteckförmig modulierten unipolaren und bipolaren Stromes; die Auswahl der Schichteigenschaften orientiert sich an den vielfältigen Anforderungen der Galvanoformung;
- die Wirkungsmechanismen von moduliertem Strom anhand vertiefender Untersuchungen ohne den Anspruch, sämtliche Vorgänge im einzelnen zu erklären;
- die Übertragbarkeit der im Labor gewonnenen Ergebnisse auf Produktionsverhältnisse anhand des Beispiels der Galvanoformung von Funkenerosionselektroden.

Der Untersuchungsbereich für den Strom umfaßt Impulsstromdichten bis 160 A/dm^2 und Impulszeiten zwischen 83 ms und 17 µs.

4 Grundlagen

In diesem Kapitel sind häufig verwendete Begriffe und Definitionen zusammengestellt, um für die Arbeit eine einheitliche Sprechweise zu gewährleisten.

4.1 Grundbegriffe der Galvanotechnik

Zunächst werden in aller Kürze die wichtigsten galvanotechnischen Grundbegriffe zusammengefaßt. Für nähere Erläuterungen muß auf die einschlägige Literatur verwiesen werden /8,117,118/.

Abscheidevorgänge

Beim Abscheiden mit löslichen Anoden können vier Hauptschritte unterschieden werden /8/:

- Auflösen der Anoden und Durchtritt der Metallionen durch die Phasengrenze Anode - Elektrolyt;
- Transport im Elektrolyt durch Konvektion,Migration und Diffusion;
- Durchtritt durch die kathodische Grenzschicht und Neutralisation, evtl. mit vorgelagerter Reaktion;
- Keimbildung und Einbau an Kristallwachstumsstellen, evtl. nach Adsorptionsbindung und Oberflächendiffusion.

Der Stofftransport unmittelbar vor der Kathode beeinflußt den Schichtaufbau erheblich. In der Regel erfolgt die eigentliche Abscheidung an der Oberfläche so schnell, daß der Elektrolyt dort an Metallionen verarmt; das dadurch entstehende Konzentrationsgefälle ruft eine Diffusion zur Kathodenoberfläche hervor. Die Diffusion ist verbunden mit der Dehydration und evtl. Umwandlungs-(z. B. Dekomplexierungs-)Reaktionen. Infolge dieser Ladungstrennung entsteht unmittelbar vor der Kathode eine elektrische Doppelschicht, die als Kondensator interpretiert werden kann; sie muß unter Arbeitsaufwand durchquert werden /8,160/. Die Kristallisation auf der Kathode erfolgt durch Anlagern von Ionen oder Ad-Atomen an Wachstumsstellen des Metallgitters oder an neugebildeten Keimen. In diesem Sinn unterscheidet man zwischen Keimbildung und Keimwachstum. Letzteres kann zweidimen-

sional in oberflächenparallelen Schichten oder dreidimensional senkrecht zur Oberfläche erfolgen. Hierbei spielt die Überspannung, unter der die Abscheidung stattfindet, eine entscheidende Rolle. Noch stärker als für die Transportvorgänge gilt für die Kristallisation, daß sie bei weitem noch nicht in allen Einzelheiten geklärt ist /68/.
Die anodische Auflösung kann in erster Näherung als einfache Umkehr der Abscheidung betrachtet werden; auch hier sind Stofftransporteffekte ausschlaggebend. Der genaue Ablauf, insbesondere unter Einfluß der häufig auftretenden Oberflächenpassivierung, ist jedoch umstritten /135,142/.
Unter dem Oberbegriff Polarisation wird eine Reihe von Hemmungen in den Abscheidevorgängen zusammengefaßt. Sie wirken als Widerstände, die neben dem Ohm'schen Elektrolytwiderstand und dem Ruhepotential zu überwinden sind. Man unterscheidet im wesentlichen Konzentrations-(speziell Diffusions-)Polarisation, Durchtritts- und Kristallisationspolarisation. Meßbar sind sie als Kathodenpotential oder -überspannung zwischen Kathode und freiem Elektrolyt. Im außenstromlosen Zustand mißt man nur nur das sog. Ruhepotential. Eine elektrochemische Zelle, z.B. ein galvanisches Bad, stellt eine komplexe Impedanz dar, deren Charakter durch die elektrolytabhängigen Polarisationsarten bestimmt wird. Ihre Eigenschaften werden häufig mit Hilfe von Stromdichte-Potential-Kurven dargestellt. Dabei unterscheidet man zwischen punktweise-stationär-aufgenommenen und kontinuierlich-instationär-aufgenommenen Kurven, außerdem zwischen Stromregelung und Potentialregelung während des Aufnehmens (galvanostatische/-dynamische oder potentiostatische/-dynamische Kurven) /8,178/.

Der Stoffumsatz beim Abscheiden wird durch die Faraday'schen Gesetze beschrieben: Zum Umsetzen von 1 g-Äquivalent eines beliebigen Stoffes wird immer dieselbe Ladungsmenge benötigt (Faraday-Konstante F= 96500 C= 26,8 Ah). Die Abscheidegeschwindigkeit, bestimmt durch die Stromdichte i, ist häufig durch Diffusionspolarisation nach oben begrenzt. Es existiert dann eine Grenzstromdichte i_G, deren Erreichen meist mit einer drastischen

Verschlechterung der Schichtqualität einhergeht ("Anbrennen"). Begleitprozesse, wie z. B. gleichzeitige Wasserstoffentwicklung, setzen die Stromausbeute η (das Maß für das Verhältnis von theoretisch erwarteter zu tatsächlich erhaltener Metallmenge) herab und damit auch die Abscheiderate /8/.

Technische Schicht- und Verfahrenseigenschaften

Die Schichtverteilung auf einer realen Kathode ist prinzipiell ungleichmäßig, da die Stromlinien, deren Dichte auf der Oberfläche die lokale Stromdichte bestimmt, in erster Näherung den Gesetzen des elektrischen Feldes folgen und ihre Verteilung damit geometrieabhängig ist (primäre Stromverteilung). Die primäre Stromverteilung wird unter Umständen verändert durch die Relation von Elektrolytleitfähigkeit und Polarisation sowie die stromdichteabhängige Stromausbeute (sekundäre Stromverteilung)/8/. Als Streufähigkeit wird die Eigenschaft eines Elektrolyten bezeichnet, eine gleichmäßigere Schichtverteilung auf der Kathode zu erzeugen, als der primären Stromverteilung entspricht /157/. Vor allem bei Vorhandensein von Diffusionspolarisation muß zwischen Makro- und Mikrostreufähigkeit unterschieden werden. Beide verhalten sich meist gegenläufig. Beim Zustand der Makrostreuung ist die Profiltiefe der Oberfläche wesentlich größer als die Diffusionsschichtdicke; die Diffusionspolarisation ist für die Oberfläche nahezu konstant und wirkt ausgleichend auf die Stromverteilung. Von Mikrogeometrie spricht man sinngemäß, wenn die Rauhtiefe der Kathode kleiner ist als die Diffusionsschichtdicke. Der Diffusionsweg innerhalb der Schicht ist dann zu den Profilspitzen kleiner als zu den Tälern, so daß infolge des größeren Konzentrationsgefälles erstere bevorzugt beschichtet werden /119 - 121/. Die Schichtverteilung ist von fundamentaler Bedeutung für jeden galvanischen Prozeß, da sie über Maßhaltigkeit, erreichte Mindestschichtdicke und damit die Abscheidedauer entscheidet.

Auch Eigenspannungen (innere Spannungen) sind untrennbar mit jedem galvanischen Beschichten verbunden. Sie können als Zug- oder Druckspannungen auftreten. Abhängig davon, ob sie sich im makroskopischen, mikroskopischen oder atomaren Bereich bemerkbar machen, unterscheidet man Eigenspannungen 1. Art (Makro-Eigenspannungen) sowie 2. und 3. Art (Mikro-Eigenspannungen)/117/. Praktisch bedeutsam sind nur die erstgenannten. Nach der Art ihrer Entstehung kennt man arteigene und artfremde Eigenspannungen; letztere resultieren aus der Wechselwirkung zwischen Grund- und Schichtwerkstoff. Über die eigentlichen Ursachen dieser Spannungen existiert eine Vielzahl unterschiedlicher Theorien /122 - 124/. Es werden vor allem energetische Veränderungen, Fremdstoffeinlagerungen und Gitterbaufehler zur Erklärung herangezogen. Übermäßige innere Spannungen können zu Rissen, Blasen oder zum Abheben der Schicht führen. Unter Umständen kann sogar das Substrat verformt werden; Galvanoformen können sich verziehen.

Die Gefügestruktur einer Schicht ist zwar selten von unmittelbarem Interesse, sie ist aber direkte oder indirekte Ursache einer Reihe technisch wichtiger Schichteigenschaften wie Eigenspannungen, Härte, mechanische Festigkeit, Leitfähigkeit und Glanz /8, 117, 123/. Eine gängige Klassifikation verschiedener Gefügetypen nach Korngröße und Textur hat Fischer /117/ entwickelt.

4.2 Definitionen für modulierten Strom

Nachfolgend sind die Beziehungen zusammengestellt, die in den nächsten Kapiteln zum Kennzeichnen des Abscheidestroms benützt werden. Sie werden dort nicht mehr im einzelnen erläutert.
Der Begriff "Modulierter Strom" wird hier als Oberbegriff für alle die Fälle verwendet, wo die Stromstärke periodischen Änderungen unterliegt. Die Erzeugung jedes derartigen Stromes läßt sich interpretieren als das Aufprägen eines Wechselsignals auf einen Gleichstrom. Theoretisch ist eine Vielzahl verschiedener Signalformen denkbar; von technischem Interesse ist im Grunde genommen nur die sinus- und die rechteckförmige Modulation, da beide relativ einfach zu erzeugen sind. Man unterscheidet zusätzlich zwischen unipolaren und bipolaren Stromarten, d. h. Ströme ohne oder mit Richtungswechsel (Bild 2).

Für die vorliegende Arbeit wurden rechteckförmig modulierte Stromformen gewählt. Sie haben den Vorteil, daß sie elektrochemisch relativ leicht überschaubare Abscheidebedingungen liefern und ihre Erzeugung - durch Schaltvorgänge - keine besonderen technischen Probleme bereitet. Die Bezeichnungen wurden in Anlehnung an DIN 40 110 gewählt (Bild 5). Es sei besonders auf die Unterscheidung zwischen Spitzen- und Durchschnittswerten hingewiesen. Die Orientierung "kathodisch-anodisch" bezieht sich auf das immer als Kathode bezeichnete Werkstück; beschichtet wird dieses also während der kathodischen Phase.

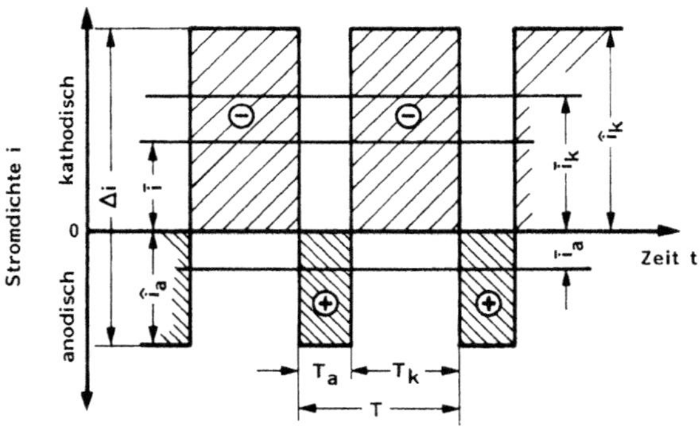

$\hat{i}_k$ = kathod. Stromdichte (Abscheiden)
$\hat{i}_a$ = anod. Stromdichte (Auflösen)
$\bar{i}$ = Durchschnittstromdichte $= \frac{1}{T}\int_0^T i(t)dt = (\hat{i}_k T_k - \hat{i}_a T_a)/(T_k + T_a)$
$\bar{i}_k$ = kath. Durchschnittstromdichte
$\bar{i}_a$ = anod. Durchschnittstromdichte

T_k = kathod. Impulsdauer
T_a = anod. Impulsdauer
T = Periodendauer = $T_k + T_a$
f = Impulsfrequenz = 1/T
T* = Tastverhältnis = T_k/T_a
Δi = Stromschwingungsbreite = $\hat{i}_k + \hat{i}_a$

Bild 5: Bezeichnungen für rechteckförmig modulierten Strom

Formal ist die Stromform durch vier Parameter eindeutig bestimmt. Dabei können grundsätzlich beliebige der definierten Größen verwendet werden, sofern sie voneinander unabhängig sind. Von der elektrochemischen Betrachtungsweise her sind die Größen $\hat{i}_k$, $\hat{i}_a$, T_k, T_a als "Grundparameter"anzusehen. Aus ihnen läßt sich rein mathematisch eine Reihe weiterer "abgeleiteter" Parameter herleiten (Bild 5).

Für Untersuchungszwecke ist es angenehm, solche Ableitungen nicht immer neu durchführen zu müssen; daher sei eine Auswahl entsprechender Formeln hier aufgeführt:

$$\hat{i}_k = (\bar{i}(1+T^*)+\hat{i}_a)/T^* \quad (1)$$

$$\hat{i}_a = \hat{i}_k T^* - \bar{i}(1+T^*) \quad (2)$$

$$\bar{i}_k = (\hat{i}_k T^*)/(1+T^*) \quad (3)$$

$$\bar{i}_a = \hat{i}_a/(1+T^*) \quad (4)$$

$$T_k = 1/(f(1+\frac{1}{T^*})) \quad (5)$$

$$T_a = 1/(f(1+T^*)) \quad (6)$$

$$\bar{i} = \bar{i}_k - \bar{i}_a = (\hat{i}_k T^* - \hat{i}_a)/(1+T^*) \quad (7)$$

$$\Delta i = (\hat{i}_k - \bar{i})(1+T^*) = (\bar{i}+\hat{i}_a)(1+\frac{1}{T^*}) \quad (8)$$

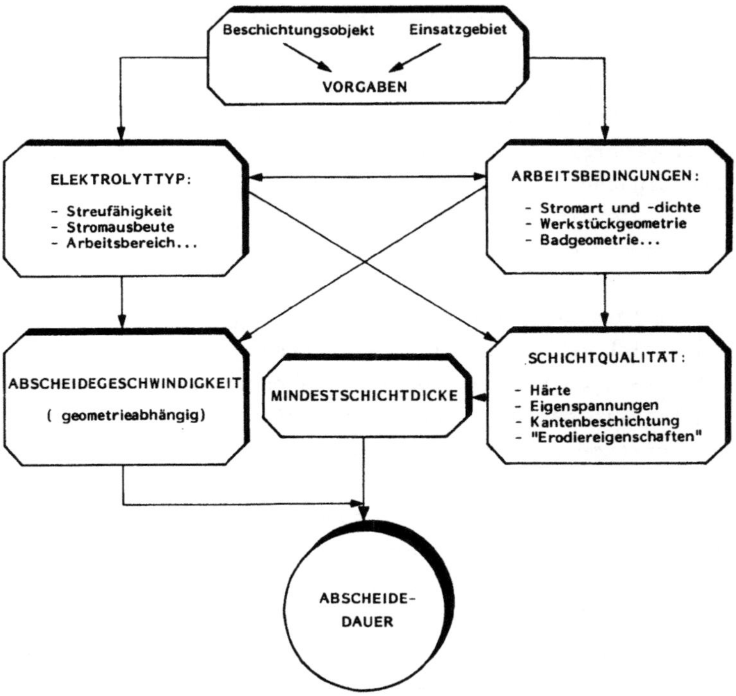

Bild 6: Haupt- Einflußgrößen auf die Dauer einer Beschichtung (zu Kap. 5.1)

5 Vorgehensweise

In diesem Kapitel werden in Ergänzung zu Kapitel 3 Besonderheiten des Vorgehens bei den Untersuchungen behandelt. Untersuchungsgegenstände und untersuchte Einflußgrößen sind hier zusammengestellt, so daß sich Kapitel 6 ausschließlich mit der Darstellung der Ergebnisse befaßt. Einzelheiten zur Versuchsdurchführung sind im Anhang zu finden.

5.1 Grundsätzliches

Das Ziel der Untersuchungen - Erarbeiten der Grundlagen des Verfahrens bis hin zum exemplarischen Prüfen der Praxistauglichkeit - machte ein stufenweises Vorgehen notwendig (vgl. Bild 4):

1. Grundlagenversuche unter idealisierten Bedingungen, einerseits zum Abstecken eines sinnvollen Untersuchungsbereiches, andererseits zum besseren Verständnis der auftretenden Effekte.
2. Ermitteln der Auswirkungen vom moduliertem Strom auf ausgewählte Schichteigenschaften unter Laborbedingungen.
3. Produktionsversuche zum Prüfen der Laborergebnisse unter Praxisbedingungen.

Dabei wurden die Arbeitsbedingungen jedes Schrittes durch die Erfahrungen aus dem vorangegangenen bestimmt.

Vor allem im letzten Schritt wurde das Problem der Übertragbarkeit deutlich. Jede labormäßige Untersuchung bedeutet eine gewisse Abstraktion von den realen Gegebenheiten. Die notwendigen quantifizierbaren Untersuchungsgrößen sind umso weniger auf den Produktionsmaßstab übertragbar, je komplexer die praktischen Anforderungen sind. Der Erfolg einer Maßnahme hängt oft von scheinbar geringfügigen Randbedingungen ab, in denen sich Experiment und Praxis unterscheiden. In der Praxis wird zudem meist eine Kombination verschiedener Eigenschaften gefordert, die häufig indirekt voneinander abhängen. Am Beispiel der Forderung nach Verkürzen der Abscheidedauer beim Herstellen von Funkenerosionselektroden ist zu erkennen, wie stark verschiedene Schicht- und Verfahrenseigenschaften miteinander verknüpft sind (Bild 6). Eine Verbesserung der Streufähigkeit, die prinzipiell in die gewünschte Richtung führt, kann nutzlos sein, wenn dadurch beispielsweise der Werkzeugverschleiß beim Erodieren zunimmt.

5.2 Versuchskenngrößen und Versuchsplanung

5.2.1 Zielgrößen

Die Anforderungen, die an eine galvanogeformte Schale gestellt werden, können sehr unterschiedlich sein. Fast immer wird eine hohe Abscheidegeschwindigkeit gefordert, die bei profilierten Werkstücken erheblich von der Streufähigkeit beeinflußt wird (Bild 6). Eine definierte Struktur der elektrolytseitigen Oberfläche, etwa Glanz, wird selten gewünscht, jedoch ist eine "schlechte" Oberfläche immer auch ein Kriterium für andere mangelhafte Eigenschaften. Eigenspannungen müssen zum Zweck der Maßhaltigkeit niedrig bleiben. Ebenso wie die Härte stehen sie in engem Zusammenhang mit der Gefügestruktur.

In diesem Sinn wurden als Zielgrößen (Untersuchungsgegenstände) Merkmale ausgewählt, die für die Belange der Galvanoformung besonders wichtig sind. Gegliedert nach den Arbeitsschritten (vgl. Bild 4) wurden experimentell untersucht:

1. Vorversuche zum Ermitteln der Arbeitsbedingungen (Kapitel 6.2):
   - Zeitverhalten von Strom, Potential und Badspannung
   - Aussehen und Haftung der Schicht
   - Verhalten der Anode

2. Prüfung technologischer Schichteigenschaften (Kapitel 6.3):
   - An dünnen Schichten:
     - Oberflächentopographie
     - Abscheidegeschwindigkeit
     - Makro-Streufähigkeit
     - Makro-Eigenspannungen
   - An dicken Schichten im Millimeter-Bereich:
     - Oberflächenstruktur
     - Schichtverteilung
     - Gefügestruktur
     - Kleinlasthärte
     - Eigenspannungen

3. Vertiefende Untersuchungen (Kapitel 7.2):
   - Stromdichte-Potential-Kurven zur Analyse der Abscheidekinetik: quasistationäre $\bar{i}$-$\bar{\varphi}$-Kurven und dynamische i-φ-Kurven
   - Oszillographische Untersuchung von Einschaltvorgängen im Kurzzeitbereich zum Ermitteln von Polarisationseffekten und Doppelschichtkapazität
   - Interferometrische Untersuchung der Diffusionsgrenzschicht
   - Kristallisationsuntersuchungen in der Keimbildungsphase

4. Übertragen der Laborergebnisse auf Produktionsverhältnisse (Kapitel 8):

   Die unpräzise vorgegebene Forderung nach Verkürzung der Abscheidedauer und möglichst zusätzlich besseren Erodiereigenschaften mit einem neuen zusatzhaltigen Elektrolyt machte das Formulieren von "Ersatzzielgrößen" für eine Vorprüfung im Labormaßstab erforderlich.

   * Vorversuche mit dem Produktionselektrolyt:
     - Grenzstromdichte und Stromausbeute
     - Oberflächentopographie
     - Schichtverteilung
     - Makro-Eigenspannungen
     - Struktur und Härte dicker Schichten
   * Produktionsversuche:
     - Schichtverteilung
     - Oberflächen- und Gefügestruktur
     - Erodierverhalten: Werkstückabtrag und Elektrodenverschleiß

5.2.2 Variierte Einflußgrößen

Als unabhängig variierte Versuchsparameter wurden die Elektrolytzusammensetzung und die Stromform behandelt. Weitere Einfluß- und Störgrößen sind im Anhang zusammengestellt.

5.2.2.1 Elektrolyte

Für die labormäßigen Untersuchungen wurden zwei Typen von Grundelektrolyten ausgewählt, wie sie in ähnlicher Zusammensetzung in der Praxis gebräuchlich sind:

ELEKTROLYT 1	ELEKTROLYT 2
20 g/l Cu^{++} + 180 g/l H_2SO_4	60 g/l Cu^{++} + 60 g/l H_2SO_4
entsprechend	
0,31 mol/l $CuSO_4$+1,83 mol/l H_2SO_4	0,94 mol/l $CuSO_4$+ 0,61 mol/l H_2SO_4
Grenzstromdichte	
$i_{G1} \approx 2,2$ A/dm²	$i_{G2} \approx 9,5$ A/dm²
elektrische Leitfähigkeit	
$\varkappa_1 \approx 56$ S/m	$\varkappa_2 \approx 8$ S/m

Auf Badzusätze wurde verzichtet, um zusätzliche Einflüsse von dieser Seite zu vermeiden. Elektrolyt 1 besitzt eine hohe Makro-Streufähigkeit bei niedriger Grenzstromdichte, bei Elektrolyt 2 sind die Verhältnisse umgekehrt. Elektrolyt 1 ist damit prädestiniert für stark profilierte Werkstücke, wo eine gleichmäßige Schichtverteilung die niedrigere Gesamt-Abscheidegeschwindigkeit kompensiert, während Elektrolyte von der Art des Typs 2 vor allem dort eingesetzt werden, wo bei wenig profilierten Teilen der Vorteil des schnelleren Abscheidens überwiegt.

Für die Produktionsversuche mußte der in der Fertigung gebräuchliche Elektrolyt 3 verwendet werden, dem wie den meisten praktisch eingesetzten Elektrolyten Zusätze beigegeben waren. Er enthielt auf der Basis des Elektrolyten 1 60 mg/l Cl^- als NaCl sowie zwei hochmolekulare organische Zusätze aus der Gruppe der nativen Stoffe /179/, die bei Gleichstromabscheidung kornverfeinernd und streufähigkeitsverbessernd wirken.

5.2.2.2 Stromform

Die Darstellungen im Kapitel 4.2 zeigen, daß es sowohl eine fast unbegrenzte Anzahl von möglichen Stromformen gibt, als auch sehr viele Möglichkeiten, diese zu definieren. Daraus entstanden zwei Probleme für die Versuchsdurchführung:

1. Die Auswahl der die Stromform definierenden Parameter ist Grundlage für das Aufstellen eines Versuchsprogramms. Es gibt jedoch keinen theoretischen Ansatzpunkt für die Wahl der "richtigen" vier Größen. Unter den Gesichtspunkten: Wirkung auf Schichteigenschaften, Brauchbarkeit für die

Gerätebedienung und Anschaulichkeit schälten sich, wie die nachfolgenden Ergebnisse belegen, als besonders sinnvoll die Größen $\bar{i}$, $\hat{i}_a$, f, T^*, heraus (s. Bild 5, S.26). Aus ihnen wurden die Versuchsprogramme aufgebaut (vgl. auch Kapitel 6.1).

2. In Anbetracht der Vielzahl von Variations- und Kombinationsmöglichkeiten der Stromparameter mußte zum Verringern der Versuchsanzahl auf Hilfsmittel der statistischen Versuchsplanung zurückgegriffen werden/125, 126/. Die Parameter wurden grob - meist geometrisch - gestuft in vollständiger Blockanordnung eingesetzt, was mit einfachen Auswertemethoden die Aussagekraft der Ergebnisse deutlich verbessert (siehe Kapitel 6.1). Für aufwendige Untersuchungen wurde eine statistische Auswahl von Versuchen aus diesen Programmen durchgeführt. Die Versuchsprogramme waren für alle Untersuchungen ähnlich gestaltet (Bild 7).

T^*	f Hz \ $\bar{i}$ A/dm², $\hat{i}_a$ A/dm²	1,4			1,8			2,2		
		0	2,5	5	0	2,5	5	0	2,5	5
1	10	9,2	1,9	1,5	10	3,1	2,0	9,8	2,2	2,5
	10^2	10,6	0,54	0,62	10,6	2,3	0,8			
	10^3	8,4	1,0	0,32						
	10^4	9,6								
5	10	6,3								
	10^2	4,9								
	10^3	2,0								
	10^4									
1/5	10									
	10^2									
	10^3									
	10^4									

Elektrolyt 1

σ N/mm²

σ : Eigenspannungen nach 20 min Beschichtung

Bild 7: Versuchsdaten der Eigenspannungsmessungen als Beispiel für ein Blockversuchsschema

Die Versuchsprogramme deckten folgende Bereiche ab:

Elektrolyt 1: $\bar{i}$ = 1,4 - 2,2 A/dm²; $\hat{i}_a$ = 0 - 10 A/dm²; f = 10 - 10k Hz; $T^* = \frac{1}{5} - 5$

Elektrolyt 2: $\bar{i}$ = 8,0 - 12 A/dm²; $\hat{i}_a$ = 0 - 30 A/dm²; f = 10 - 10k Hz; $T^* = \frac{1}{5} - 5$

Elektrolyt 3: $\bar{i}$ = 1,2 - 2,0 A/dm²; $\hat{i}_a$ = 0 - 20 A/dm²; f = 50 - 5k Hz; $T^* = \frac{1}{9} - 9$

6 Ergebnisse der Laborversuche

6.1 Zur Darstellung der Ergebnisse

Die Fragestellung dieses Kapitels ist die Wirkung von Strommodulation auf bestimmte Schichteigenschaften. Sie ist zwangsläufig mit der Frage verbunden, durch welche Stromparameter der Begriff "Modulation" am zutreffendsten beschrieben werden kann; zutreffend insofern, als diese Parameter die stärkste und eindeutigste Wirkung auf die Schichteigenschaften aufweisen sollten.
Im Vorgriff auf die nachfolgenden Kapitel sei hier festgestellt, daß die Wirkungen der Stromparameter außerordentlich kompliziert sind, daß sie nicht zuletzt auch stark durch Wechselwirkungen geprägt sind. Die Ergebnisse wurden immer auf vielerlei Parametereinflüsse geprüft, dargestellt sind nur die jeweils wichtigsten. Dies sind insbesondere die "Grundparameter" $\hat{i}_k$, $\hat{i}_a$, T_k, T_a (vgl. Kapitel 4.2), letztere allerdings indirekt durch die anschaulicheren Größen f und T^*. Wegen ihrer Bedeutungsgleichheit mit der Gleichstromdichte i wurde immer auch die Durchschnittsstromdichte $\bar{i}$ betrachtet. Der Übersichtlichkeit halber werden andere Größen nur berücksichtigt, wenn sie besonders wichtig sind.
Um den Einfluß von Wechselwirkungen zu eliminieren und die Datenfülle einzuschränken, werden im folgenden graphische Darstellungen nur ausnahmsweise für Einzelmeßwerte gebracht. Überwiegend werden die "Hauptwirkungen" dargestellt, die klarere Tendenzaussagen ermöglichen. Es sind dies die Durchschnittswerte der Meß- oder Zielgröße für alle Versuche, bei denen der betrachtete Parameter auf ein und derselben Stufe eingesetzt wurde /125, 126/. Selbstverständlich gelten die so errechneten Werte grundsätzlich nur für das verwendete Versuchsprogramm. Infolge der Wirkung anderer variierter Einflußgrößen können die tatsächlichen Einzelmeßwerte beträchtlich um die Mittelwerte schwanken (Streubereich). Sofern nicht anders vermerkt, beruhen diese Darstellungen jeweils auf einer Basis von 50 - 200 Einzelmessungen.

6.2 Voruntersuchung: Verhalten der Elektrolyte unter Einfluß von moduliertem Strom

Ziel dieser Voruntersuchung war es, die Reaktion der Elektrolyte auf die Einwirkung von Strommodulation kennenzulernen, um sinnvolle Arbeitsbereiche für die nachfolgenden Versuche abstecken zu können. Dabei wurde im Bereich niedriger Frequenzen und Stromdichten begonnen.

6.2.1 Potentiodynamische Stromdichte-Kathodenpotential-Kurven

Die verwendete Art von dreieckförmigen Potential-Zeit-Verläufen kann mit zunehmender Potential-Änderungsgeschwindigkeit $d\varphi/dt$ als Annäherung an die "unendlich" schnellen Einschaltvorgänge bei Rechteckimpulsen verstanden werden.

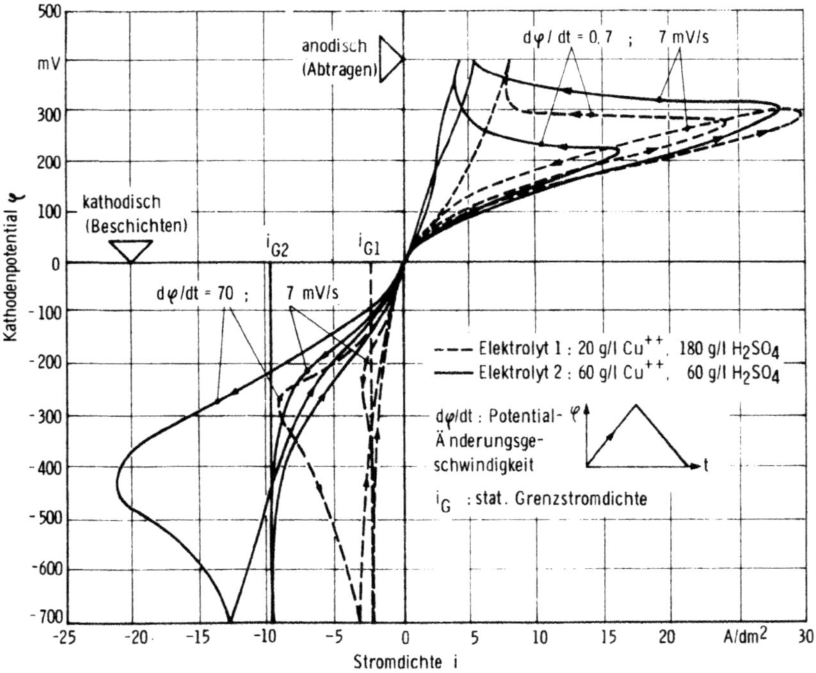

Bild 8: Instationäre Stromdichte-Potential-Kurven mit dreieckförmigem Potentialverlauf unterschiedlicher Steigung

Aus den aufgenommenen Stromdichte-Potential-Kurven (Bild 8) ist zu erkennen, daß mit zunehmenden $d\varphi/dt$, also hohen Wiederholfrequenzen, bei einem bestimmten Potential immer höhere Stromdichten erreicht werden. Sie können ein Vielfaches der stationären Grenzstromdichte i_G betragen, ohne daß Wasserstoff - bzw. beim Abtragen Sauerstoff - entsteht. Die beiden Elektrolyte unterscheiden sich nur quantitativ: Infolge der unterschiedlichen Kupferkonzentrationen werden bei gleichem Potential beim Elektrolyt 1 niedrigere Stromdichten beim Abscheiden und höhere Stromdichten beim Abtragen erreicht.
Diese Erscheinung muß offensichtlich von einem zeitabhängigen, relativ langsamen Aufbau des Polarisations-"Widerstands" herrühren. Beim untersuchten Elektrolyttyp bietet sich zur Erklärung die Diffusionspolarisation an (vgl. Kapitel 4.1). Es ist einleuchtend, daß die Verarmung der Diffusionsschicht an Metallionen nicht schlagartig nach Einschalten eines Stromes auftritt, sondern sich über einen gewissen Zeitraum einstellt. Diese Annahme wird in der Literatur bestätigt /96, 99, 127, 128/.

Da das Kathodenpotential φ für eine praktische Prozeßsteuerung ungeeignet ist, wurden unter denselben Bedingungen Stromdichte-Badspannungs-Kurven aufgenommen (Bild 9). Im Vergleich der beiden Elektrolyte zeigt sich der erhebliche Unterschied in der Relation Überspannung/Ohm'scher Spannungsabfall: bei Elektrolyt 1 wird die Badspannung stärker vom Potentialverlauf geprägt.

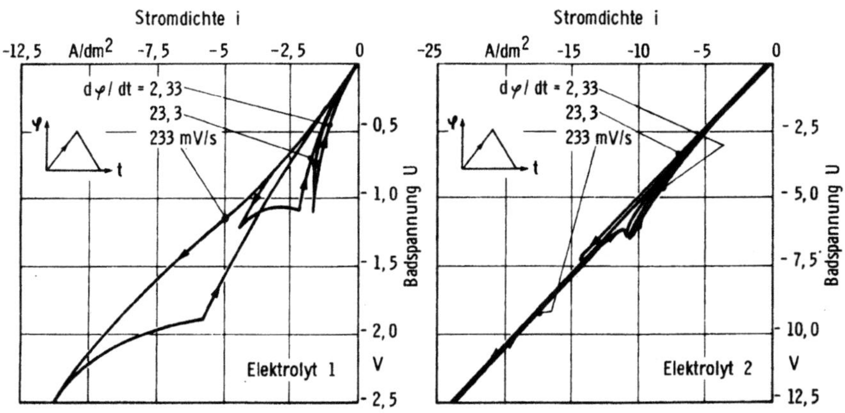

Bild 9: Instationäre Stromdichte-Badspannungskurven bei dreieckförmigem Potentialverlauf unterschiedlicher Steigung

Die "Verwandtschaft" der beiden Elektrolyte zeigt sich besonders deutlich, wenn man in entsprechendem Maßstab den sich ergebenden Spannungs-Zeit-Verlauf aufzeichnet (Bild 10). Das Extremum der Spannung im ersten Viertel der Periodendauer erklärt sich aus dem dortigen Extremum des Badstroms (Bild 8), das einen hohen Ohm'schen Spannungsabfall im Elektrolyt hervorruft /55/. Die Folgerung aus dieser Erscheinung ist, daß Stromversorgungsgeräte für modulierten Strom höhere Ausgangsspannungen benötigen als konventionelle Gleichrichter, um den gleichen Durchschnittsstrom zu erzeugen.

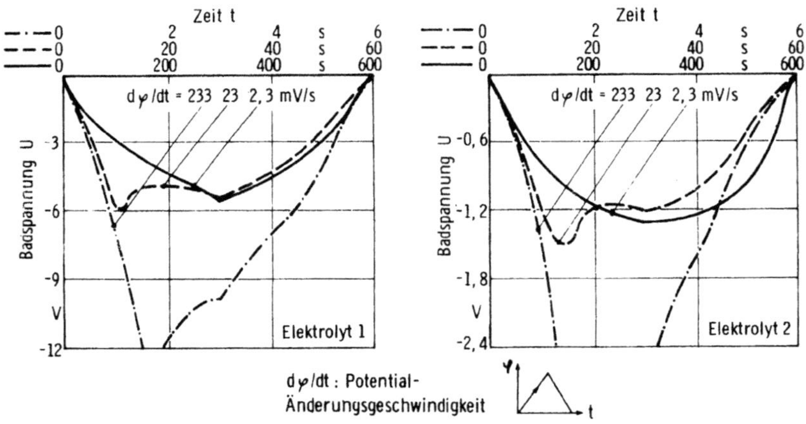

Bild 10: Zeitlicher Verlauf der Badspannung bei dreieckförmigem Potentialverlauf unterschiedlicher Steigung

6.2.2 Wirkung von Rechteckströmen

Die obigen Betrachtungen zeigen, daß - in Extrapolation der Dreieck-Potentialimpulse - beim näherungsweise idealen Einschaltvorgang des Potentials und ähnlich auch der Badspannung kurzzeitige Stromspitzen entstehen, die erheblich über der stationären Grenzstromdichte i_G liegen können (Bild 11). Dieser Verlauf ist für theoretische wie praktische Zwecke unangenehm zu handhaben. Daher wurde für die weiteren Untersuchungen auf stromgeregelten (galvanodynamischen) Betrieb übergegangen. Er ist analog gekennzeichnet durch einen verzögerten Anstieg von Badspannung und Potential (Bild 11).

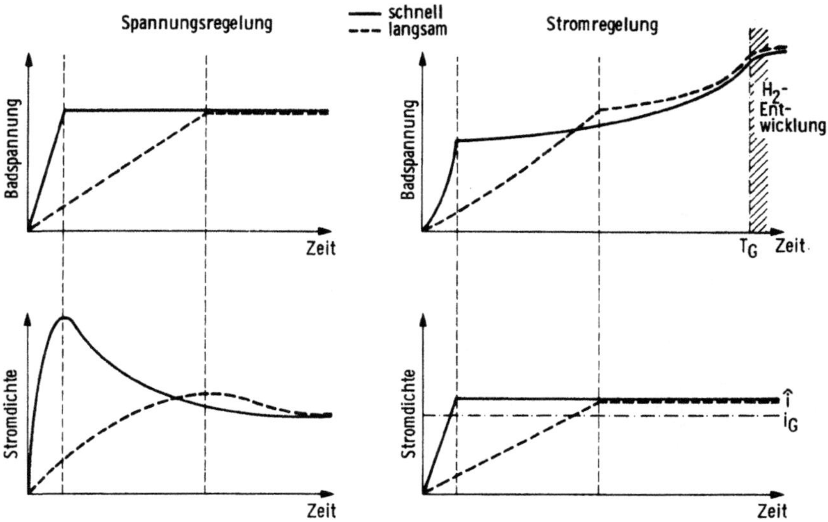

Bild 11: Strom- und Spannungsverlauf bei Einschaltvorgängen mit unterschiedlicher Anstiegszeit

Wird bei dieser Betriebsart ein Impulsstrom $\hat{i} > i_G$ eingestellt, so steigen Potential und Badspannung bis zur Transitionszeit T_G exponentiell an, um sich dann unter Wasserstoffentwicklung auf einen konstanten Wert einzustellen /101, 129/. Von diesem Punkt an fällt die Schichtqualität stark ab. Die Messung von T_G bestätigt die Gesetzmäßigkeit /101/, daß $T_G = K/\hat{i}^2$ ist. Für die beiden Elektrolyte ergab sich die Konstante zu

$K_1 = 180\ (A^2s)/dm^4$ und $K_2 = 1750\ (A^2s)/dm^4$ (Bild 12).

Im quasistationären Zustand, also der kontinuierlichen Folge von Einzelimpulsen, stellt sich die Frage nach der resultierenden Schichtqualität. Auch hier ist der erwähnte Potentialanstieg zur Transitionszeit Kriterium für nicht "angebrannte" Schichten, also ein Minimalkriterium. Die zulässsige Impulsdauer hängt bei gegebenem $\hat{i}$ von der Ruhezeit T_o zwischen den Impulsen ab, in der sich die Diffusionsschicht wieder zurückbildet. Durch Minimieren der Ruhezeit erhält man die maximal mögliche Durchschnittsstromdichte (Bild 13). Prinzipiell dieselben Verhältnisse ergeben sich, wenn in der Ruhezeit der

Strom umgepolt wird. Der zusätzliche Einfluß der anodischen Stromdichte $\hat{i}_a$ erlaubt es, die anodische Impulszeit T_a wesentlich kleiner als T_o zu machen.

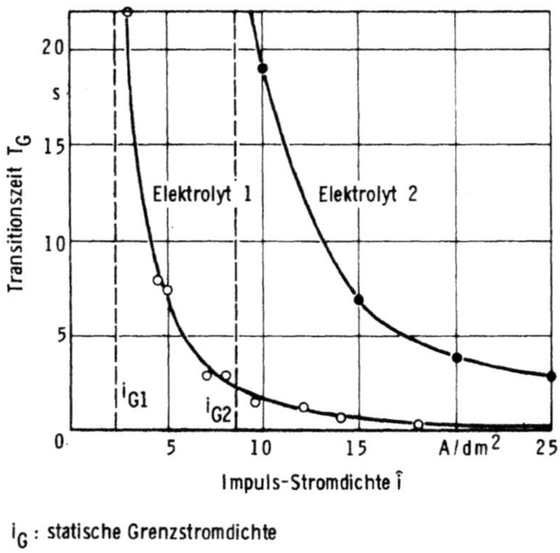

Bild 12: Transitionszeit bei Einzelimpulsen in Abhängigkeit von der Stromdichte

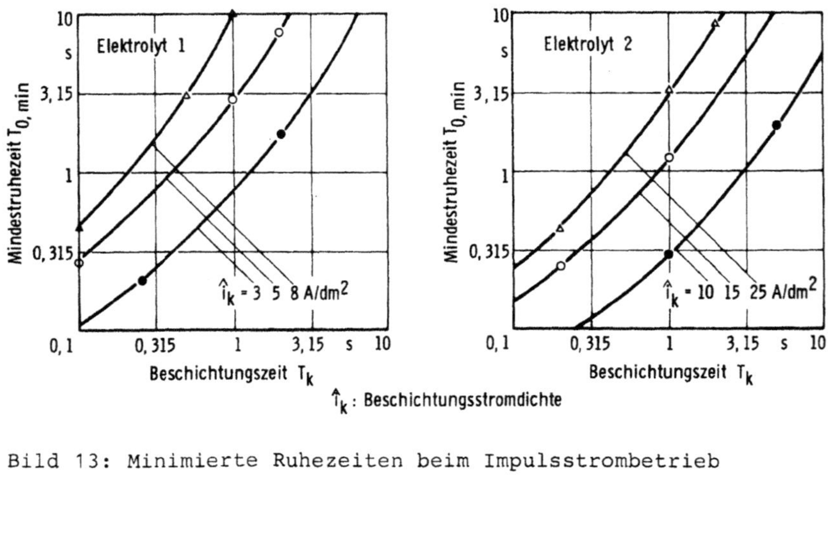

Bild 13: Minimierte Ruhezeiten beim Impulsstrombetrieb

6.2.3 Anodenverhalten

Das anodische Verhalten des Kupfers ist von Bedeutung sowohl für die anodische Phase am Werkstück als auch für den Einsatz der Anoden.
Das Polarisationsverhalten im anodischen Bereich ähnelt dem im kathodischen, allerdings rufen schon kleine $d\varphi/dt$ ein sehr starkes Überschwingen des Stromes hervor; offensichtlich erfolgt der Polarisationsaufbau langsamer (Bild 8). Auch hier existiert eine Grenzstromdichte $i_{G,a}$, wo infolge des Überschreitens des Sauerstoffpotentials eine schwarzbraune Oxidschicht entsteht, welche die Anode passiviert. Gemessen wurden für die beiden Elektrolyte:

$$i_{G,a1} \approx 7\ A/dm^2 \qquad i_{G,a2} \approx 15\ A/dm^2$$

Analog zu den Transitionszeiten existieren Passivierungs-Grenzzeiten.
Die handelsüblichen phosphordepolarisierten Anoden verhalten sich sehr ähnlich wie Elektrolytkupfer. Beim Elektrolyt 2 kann bei hohen Stromdichten Passivierung auftreten, wenn die Anodenfläche nicht größer ist als die Kathodenfläche. Zusätzlich kann auf der Anode durch Überkonzentration Kupfersulfat ausfallen, das ebenfalls passivierend wirkt. Die Anodenfläche sollte daher möglichst mindestens das 1,5-fache der Kathodenfläche betragen.

6.2.4 Zusammenfassung

Für die Anwendung von Rechteckströmen ergeben sich aus den Voruntersuchungen folgende wichtige Gesichtspunkte:

1. Der Aufbau der Diffusionsgrenzschicht und damit der Diffusionspolarisation ist ein relativ träger Vorgang, der erst im Sekunden-Bereich einen stationären Zustand erreicht.

2. Der Badspannungsverlauf wird vom Verlauf des Kathodenpotentials geprägt und eignet sich zum Beurteilen des momentanen Zustandes der Abscheidung.

3. Beim Anlegen von Rechteckimpulsen für Badspannung, Potential oder Strom können kurzzeitig Stromdichten erzielt werden, die weit über der stationären Grenzstromdichte liegen, ohne daß die Schichtqualität negativ beeinflußt würde. Dadurch ergeben sich gegenüber Gleichstrom erheblich veränderte Abscheidebedingungen.

4. Die Impulsdauer muß so kurz gehalten werden, daß das Wasserstoffpotential nicht erreicht wird. Je höher die Impulsstromdichte, umso kürzer müssen die Impulse sein.

5. Durch eine zwischengeschaltete anodische Phase (Stromumkehr) kann die Zeit zwischen zwei kathodischen Impulsen erheblich verringert werden.

6. Auch die anodische Stromdichte kann kurzzeitig über der anodischen Grenzstromdichte liegen.

7. Bei konzentrierten Elektrolyten sollte die Anodenfläche größer sein als die Kathodenfläche, um Passivierung vorzubeugen.

6.3 Wirkung von moduliertem Strom auf ausgewählte technologische Eigenschaften

Die im folgenden beschriebenen Untersuchungen basierten in ihrem Versuchsprogramm auf den Ergebnissen der Voruntersuchungen. Insbesondere wurden höhere Frequenzen bis 10 kHz einbezogen; im Sinn einer möglichst hohen Abscheidegeschwindigkeit wurden überwiegend hohe Durchschnittsstromdichten verwendet.

6.3.1 Oberflächentopographie

Da es in der funktionellen Galvanotechnik kein einheitliches Qualitätskriterium für die Oberfläche gibt, wurde auf eine Bewertung der Oberflächenqualität verzichtet. Als Minimalkriterium für die technische Verwendbarkeit wurde lediglich angesetzt, daß die Schichten haftend und zusammenhängend, also nicht "angebrannt", sein müssen. Qualitativ ist die Einteilung nach Kristallgröße und nach Kristallform sinnvoll. Für letztere soll der Begriff "Feldorientierung" verwendet werden; starke Feldorientierung bedeutet, daß die Kristalle ausgeprägt dreidimensional, senkrecht zur Oberfläche, wachsen, während bei schwacher Feldorientierung das Wachstum basisorientiert, also eben oder unter Bildung flacher Strukturen erfolgt.

Allgemein fällt bei den mit moduliertem Strom abgeschiedenen Schichten ein wesentlich vielfältigeres Spektrum von Oberflächenstrukturen auf als bei Gleichstromschichten (Bilder 14 und 15). Besonders bemerkenswert sind ausgeprägt kristalline, zum Teil nadel- bis fadenförmige Strukturen. Die in der REM-Aufnahme rauh erscheinenden Schichten wirken visuell matt, aber eben.
Der Einfluß der Stromform stellt sich etwas vereinfacht folgendermaßen dar (Bezeichnungen siehe Bild 5, S. 26)

- Bei gleicher (Durchschnitts-)Stromdichte können sowohl glattere als auch wesentlich rauhere Schichten abgeschieden werden als bei Gleichstrom. Vergleichbare Oberflächen können mit höherer Stromdichte erreicht werden. $\bar{i}$ kann ohne negative Auswirkung die Grenzstromdichte i_G etwas überschreiten (Bilder 14.2, .3, .6 und 15.3, .8, .9).

- Steigende Durchschnittsstromdichte $\bar{i}$ vergröbert bei Gleichstrom und moduliertem Strom die Oberfläche.

- Steigende Frequenz f verfeinert im wesentlichen die Struktur, außerdem wird die Feldorientierung etwas herabgesetzt (Bilder 14.4 bis .9 und 15.1 bis .6).

- Zunehmendes Tastverhältnis T^* verringert bei Elektrolyt 1 und verstärkt bei Elektrolyt 2 die Feldorientierung (Bilder 14.8, .9; .11 und 15.1, .4; .5; .3, .6).

- Die Spitzenströme $\hat{i}_k$ und $\hat{i}_a$ wirken in dieselbe Richtung und werden daher sinnvollerweise als Δi zusammengefaßt: bei Elektrolyt 1 wird die Feldorientierung verstärkt, bei Elektrolyt 2 (weniger ausgeprägt) abgeschwächt (Bilder 14.4, .7; .5, .8; .6, .9; und 15.6 bis .8). Die kontinuierlich verfolgbare Wirkung von $\hat{i}_a$ zeigt, daß es mindestens unter diesem Gesichtspunkt nicht sinnvoll ist, uni- und bipolare Stromformen grundsätzlich zu unterscheiden.

Als vereinfachte Pauschalaussage läßt sich feststellen, daß $\bar{i}$ und f die Kristallgröße bestimmen und Δi die Kristallform.

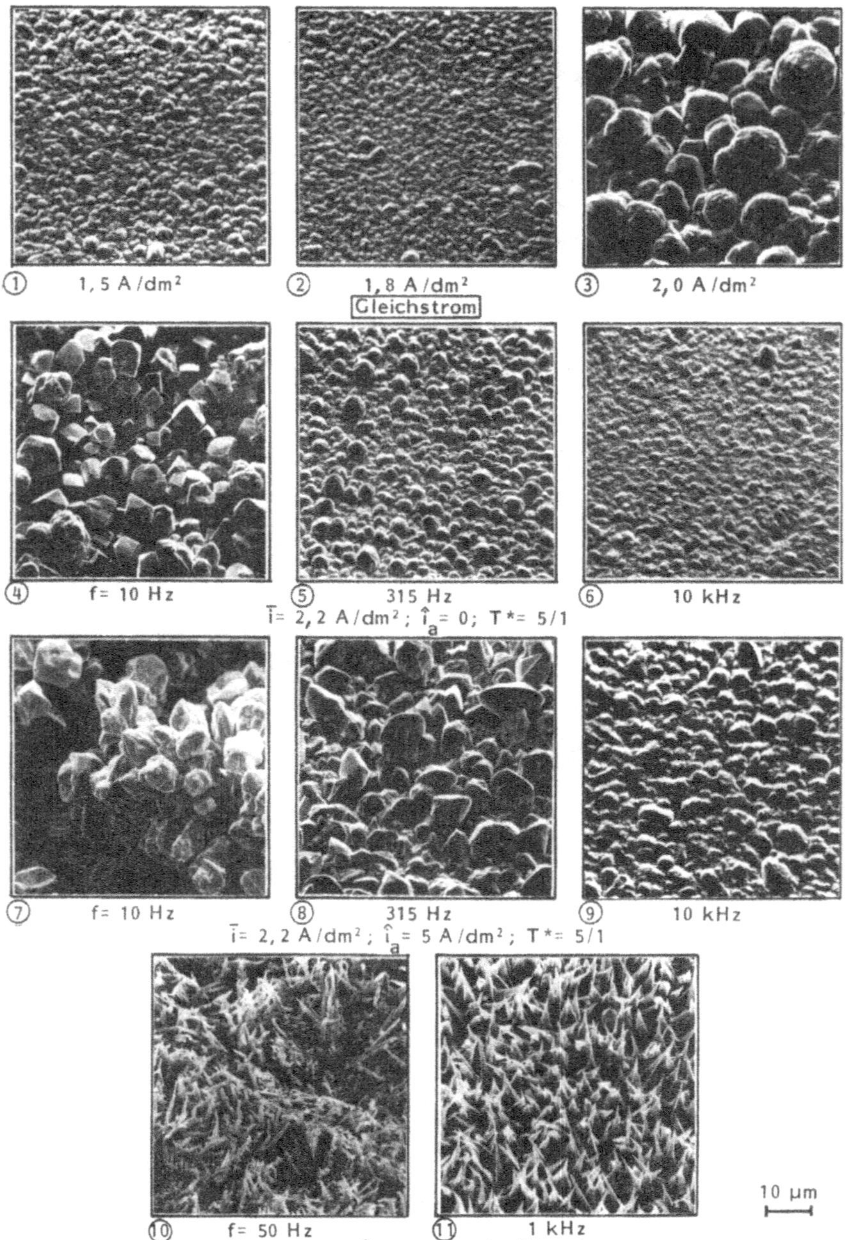

Bild 14: REM- Aufnahmen typischer Oberflächen, Elektrolyt 1

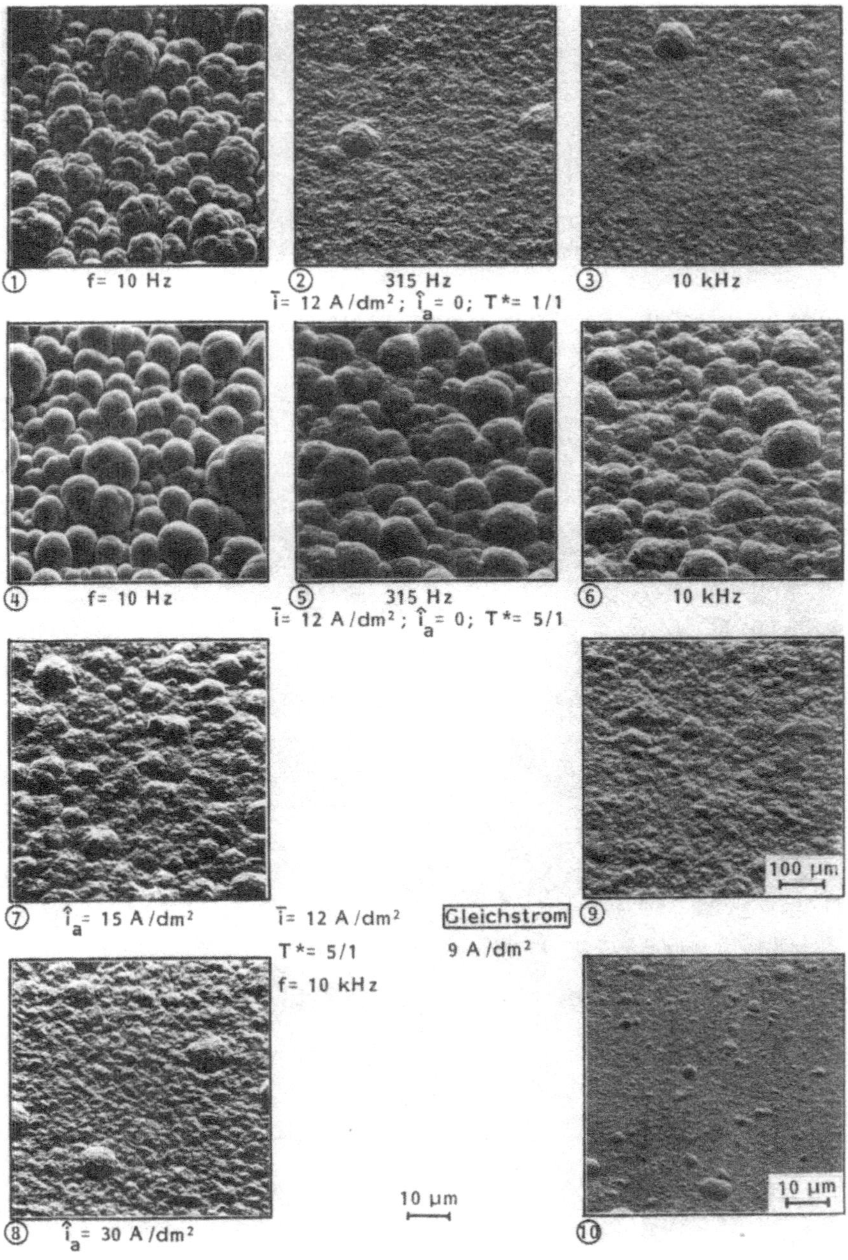

Bild 15: REM- Aufnahmen typischer Oberflächen, Elektrolyt 2

Ein gewisses Kriterium für die zu erwartende Oberflächenqualität während des Abscheidens ist der Spitzenwert des Kathodenpotentials während eines Impulses $\hat{\varphi}_k$ bzw. der dadurch beeinflußten Badspannung $\hat{U}_{B,k}$. Je höher der oszillographisch verfolgbare Wert von $\hat{U}_{B,k}$ ist, umso stärker wird der Niederschlag dendritisch bis pulverförmig. Die Badspannung ist also bis zu einem gewissen Grad ein Maß für die Wirkung der Stromparameter auf die Oberflächentopographie (Bild 16). Dieser Effekt deutet auf die große Bedeutung des kathodischen Abscheidepotentials für die Kristallisation hin.

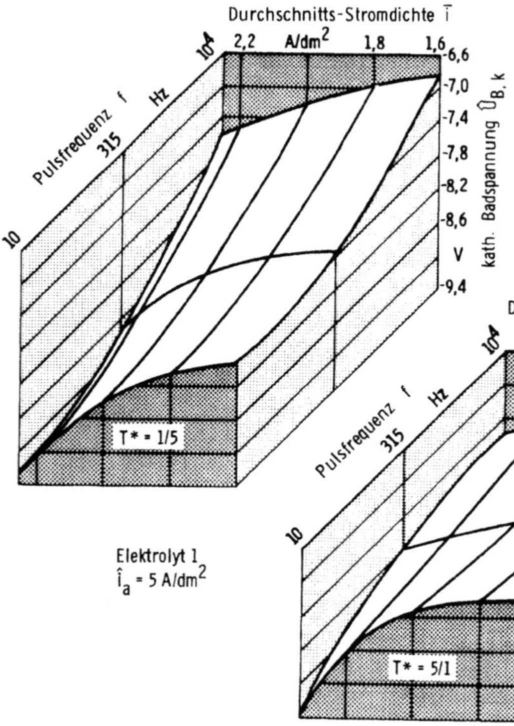

Bild 16:
Einfluß der Stromform auf die kathodische Bad-Spitzenspannung

6.3.2 Abscheidegeschwindigkeit

Um den vorrangig interessierenden Vergleich mit der Gleichstromabscheidung quantifizieren zu können, soll der Begriff der Effektivität E eingeführt werden. Er wird so definiert, daß E = 1 wird, wenn gleichviel Metall abgeschieden wird wie bei der Grenzstromdichte mit Gleichstrom, also der dort maximal möglichen Abscheidegeschwindigkeit. Da für modulierten Strom nicht eine Stromausbeute von 100 % vorausgesetzt werden kann wie bei Gleichstrom, muß unterschieden werden zwischen der Stromeffektivität $E_I = \bar{i}/i_G$ und der Masseneffektivität $E_M = m/m_G = E_I \cdot \eta$, wobei m für die jeweils abgeschiedene Metallmenge steht. Für konstante Stromausbeute ergibt sich

$$E_I = \frac{\hat{i}_k \,/\, i_G}{1 + 1/T^*} - \frac{\hat{i}_a \,/\, i_G}{1 + T^*} .$$

Die Stromeffektivität läßt sich rechnerisch aus den im Kapitel 6.2.2 dargestellten Versuchen zum Minimieren der Impuls-Ruhezeiten ableiten. Es zeigt sich, daß erst bei Frequenzen oberhalb von etwa 1 Hz Durchschnittsstromdichten wie bei Gleichstrom zu erzielen sind (Bild 17). Sehr ähnliche Resultate ergeben sich für bipolaren Strom. Unmittelbare Schlußfolgerung hieraus ist, daß unter dem Gesichtspunkt einer befriedigenden Abscheidegeschwindigkeit mit Frequenzen von deutlich über 1 Hz gearbeitet werden muß. Daher wurde bei den nachfolgenden Versuchen mit Frequenzen ab 10 Hz gearbeitet.

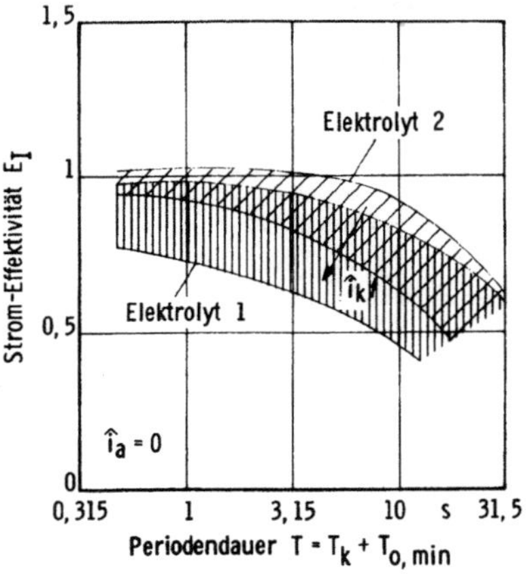

Bild 17:
Stromeffektivität beim Impulsbeschichten mit minimierter Ruhezeit (vgl. Bild 13)

Versuche in diesem höheren Frequenzbereich zum Ermitteln der bei einer bestimmten Stromform erreichbaren Stromeffektivität zeigten, daß mit moduliertem Strom höhere Durchschnittsstromdichten möglich sind als bei Gleichstrom. Dabei wurde wieder das erwähnte Minimalkriterium angesetzt, daß die Schichten festhaftend und zusammenhängend sein müssen.
Die Analyse der Stromparametereinflüsse zeigt, daß steigende T^* und f die Stromeffektivität steigern, während für $\hat{i}_a$ ein Optimum bei ca. 5 A/dm² existiert. $\hat{i}_k$ und Δi haben wenig Einfluß. Diese Tendenzen sind gut an den Durchschnittswirkungen (Bild 18), aber auch an Einzelmeßwerten (Bild 19) zu erkennen. Der Elektrolyt 2 verhält sich sehr ähnlich wie Elektrolyt 1, jedoch liegen die Effektivitätswerte um ca. 0,1 höher. Wegen der ungünstigen Wirkung niedriger Frequenzen und Tastverhältnisse wurden diese bei den nachfolgenden Untersuchungen weniger berücksichtigt.

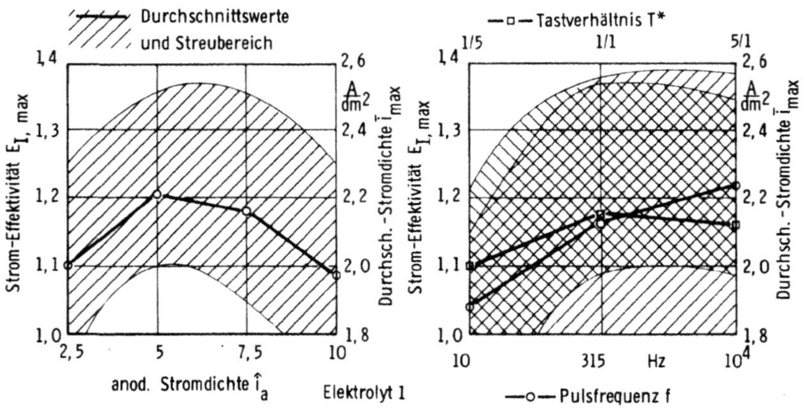

Bild 18: Einfluß der Stromparameter auf die maximal erreichbare Stromdichte

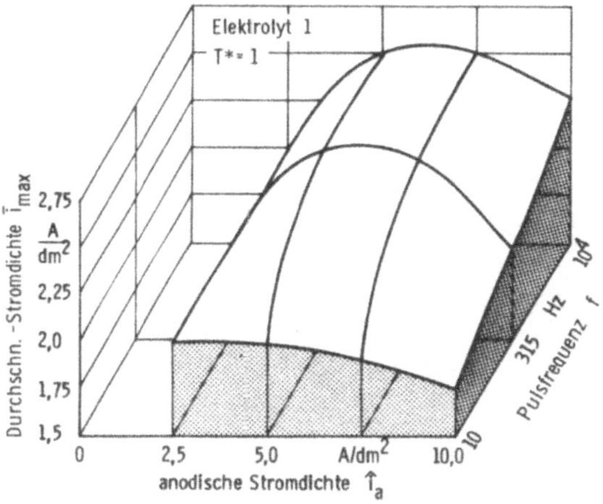

Bild 19:
Einfluß von anod. Stromdichte und Frequenz auf die erreichbare Stromdichte

Die Messung der Masseneffektivität als Maß für die tatsächlich abgeschiedene Metallmenge belegt, daß E_I kein ausreichendes Maß für die Abscheidegeschwindigkeit ist: E_M nimmt im Gegensatz zu E_I nicht proportional mit $\bar{i}$ zu; das heißt, daß die Stromausbeute η - sie läßt sich aus der Messung von E_M und der Berechnung von E_I (siehe oben) errechnen - abnimmt (Bild 20).

Die maximal erreichbare Masseneffektivität wurde für verschiedene durch die Größen f, T^* und $\hat{i}_a$ festgelegten Stromformen durch Steigern von $\bar{i}$ bis zum Abfallen der Schichtqualität ermittelt (Bild 21).

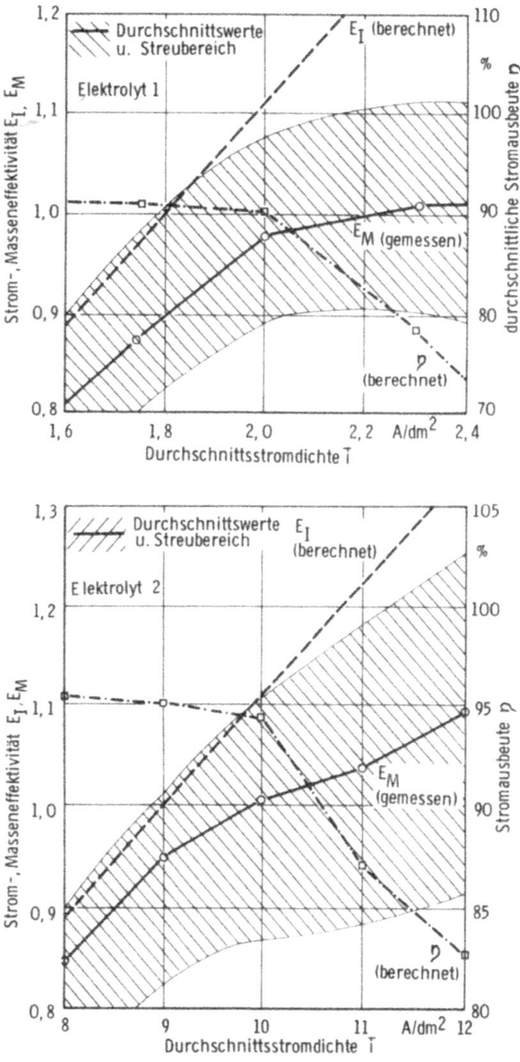

Bild 20:
Abweichung zwischen Strom- und Masseneffektivität und durchschnittl. Stromausbeute

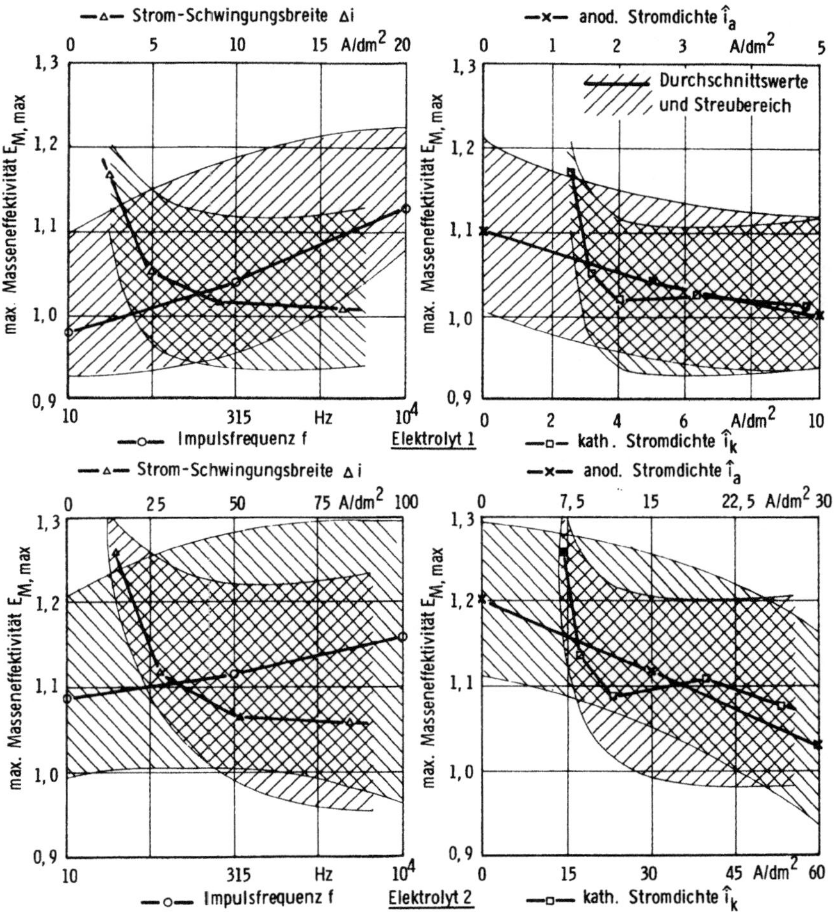

Bild 21: Einfluß der Stromparameter auf die maximal erreichbare Abscheidegeschwindigkeit

Beide Elektrolyte verhalten sich analog. Vermutlich infolge der positiven Auswirkung von Δi auf die Oberflächengüte (Kapitel 6.3.1) läßt sich beim Elektrolyt 2 allerdings die stationäre Grenzstromdichte relativ stärker überschreiten. Der Qualitätsabfall im Grenzstrombereich ist beim Elektrolyt 1 wesentlich schroffer als beim Elektrolyt 2. Die Haupt-Einflußgrößen stellen sich folgendermaßen dar:

- Die höchsten Werte für E_M werden erreicht für hohe f und niedrige Δi. Selbstverständlich muß dabei $\bar{I} = i_G \cdot E_M / \eta$ sein.

- T^* hat selbst keine signifikante Wirkung, aber eine auffallende Wechselwirkung mit $\hat{i}_a$: $\hat{i}_a$ wirkt bei großen T^* erheblich stärker.

Als Schlußfolgerung aus diesen Ergebnissen ist festzuhalten, daß weder aus der möglichen Steigerung der Spitzenströme (Kapitel 6.2) noch aus der Steigerung des Durchschnittsstroms auf eine entscheidende Erhöhung der Abscheidegeschwindigkeit gegenüber Gleichstrom geschlossen werden kann. Es ist nicht möglich, die Abscheidegeschwindigkeit wesentlich zu erhöhen.
Während die Durchschnittsstromdichte deutlich gesteigert werden kann, wurde die Metallabscheidung um maximal ca. 30 % beschleunigt. Die höchsten Werte wurden mit hoher Frequenz und niedriger Stromschwingungsbreite erzielt. Die Ergebnisse aus Kapitel 6.3.1 legen die Vermutung nahe, daß die Erhöhung von E_I lediglich möglich ist durch die bessere Schichtqualität in Grenzstromnähe. Das gleichzeitige Absinken der Stromausbeute, das diesen Effekt wieder abschwächt, läßt sich aus den Versuchen nicht erklären. Die naheliegende Vermutung, daß bereits Wasserstoff mit abgeschieden wurde, ist unwahrscheinlich, da keinerlei Wasserstoffentwicklung beobachtet wurde. Dies wäre aber bei den berechneten Stromausbeutewerten unbedingt zu erwarten. - In Abschnitt 7.1 wird dieser Sachverhalt nochmals aufgegriffen.

6.3.3 Makro-Streufähigkeit

Die folgenden Aussagen über die Wirkung der Stromparameter beziehen sich, soweit nicht anders vermerkt, immer auf den Gesamtstrom der Haring-Blum-Zelle, Ig (vgl. Kap. 9.3.3).
Auffallendstes Meßergebnis ist, daß im Vergleich zur Gleichstromabscheidung die Durchschnittsstromdichte $\bar{i}_g$ deutlich gesteigert werden kann, ohne daß die Schichtqualität leidet. Dabei nimmt die Streufähigkeit erheblich zu, während sie bei Gleichstrom in Grenzstromnähe abnimmt. Für den Elektrolyt 1 liegen die Durchschnittswerte für die Streufähigkeit erst oberhalb einer gewissen Stromdichte höher als bei Gleichstrom, für den Elektrolyt 2 dagegen im ganzen Untersuchungsbereich (Bild 22). Die Parameterwirkungen im einzelnen:

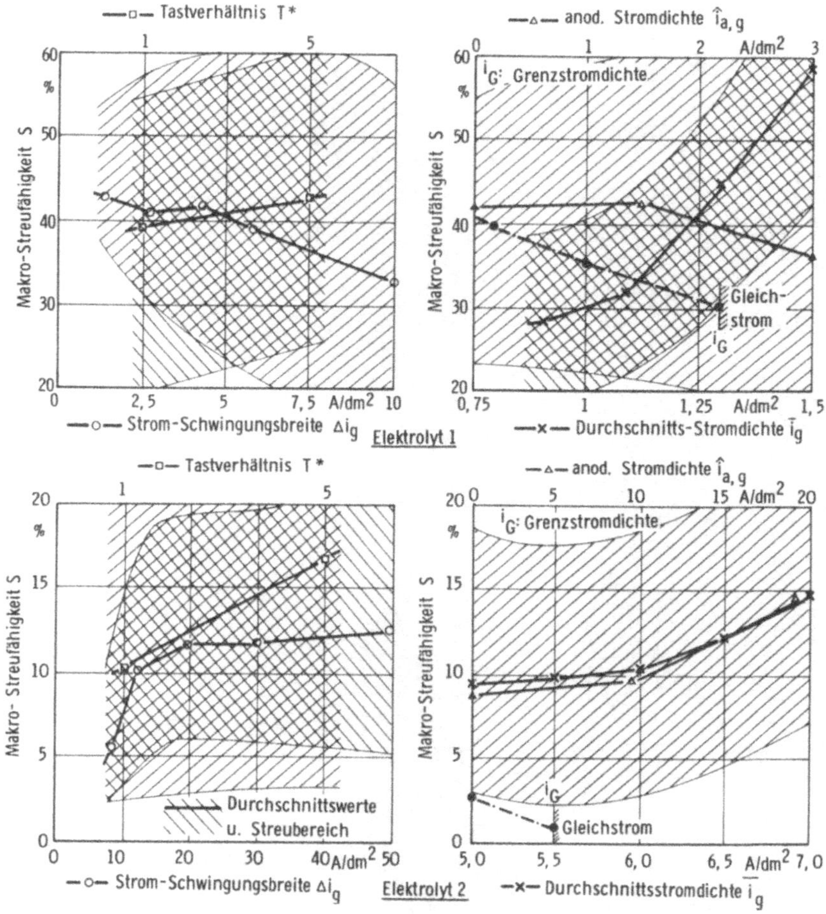

Bild 22: Einfluß der Stromparameter auf die Makro- Streufähigkeit

- $\bar{i}_g$ zeigt den stärksten Einfluß; die Streufähigkeit nimmt mit $\bar{i}_g$ zu, und zwar beim Elektrolyt 1 ausgeprägter als beim Elektrolyt 2.
- Mit steigendem T^* nimmt die Streufähigkeit ebenfalls zu.
- Die Spitzenströme und Δi wirken bei beiden Elektrolyten unterschiedlich: bei Elektrolyt 1 senken steigende Werte die Streufähigkeit, bei Elektrolyt 2 ist die Tendenz umgekehrt.

Auch hier ist wieder festzustellen, daß sich die Einflüsse als Durchschnittswirkungen anschaulicher darstellen lassen (Bild 22) denn als Einzelmeßwerte (Bild 23).

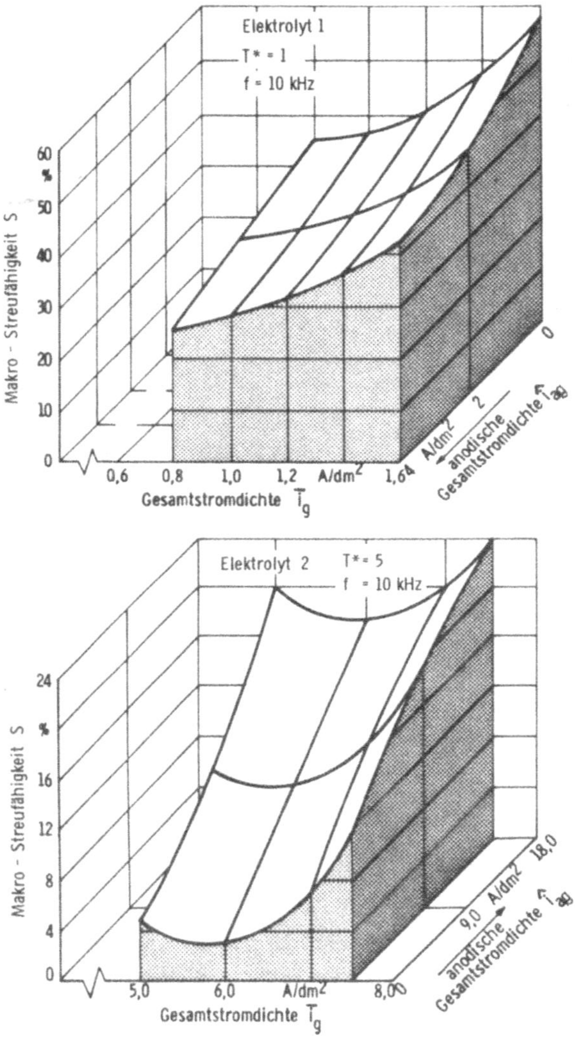

Bild 23: Einfluß von Durchschnitts- und anodischer Stromdichte auf die Streufähigkeit

Eine teilweise Erklärung für die Meßergebnisse lassen die Erkenntnisse aus den vorausgegangenen Kapiteln zu: Die Grenzstromdichte des Gleichstroms kann bei Strommodulation wegen der besseren Schichtqualität in Grenzstromnähe überschritten werden (Kapitel 6.3.1); dies äußert sich in der hier wie dort jeweils gegenläufigen Wirkung von $\hat{i}_a$ und Δi. Die Streufähigkeitszunahme mit höherem $\bar{i}$ läßt sich aus der Abnahme der Stromausbeute mit $\bar{i}$

ableiten (Kap. 6.3.2); in der kurzen Teilzelle ist die Stromdichte höher als in der langen und daher die Stromausbeute niedriger, was streufähigkeitserhöhend wirkt.

Über das praktisch sehr wichtige Zusammenwirken von Abscheidegeschwindigkeit und Streufähigkeit lassen sich anhand der Meßdaten einige einfache Modellrechnungen anstellen. Für die Bedingungen in der Haring-Blum-Zelle (die als Modell für profilierte Werkstücke gelten soll) verändert Strommodulation die Eigenschaft der Elektrolyte wie folgt (vgl. Bild 53):

- Für die gleiche Schichtdicke auf der anodenfernen Kathode wird bei Gleichstrom mit Elektrolyt 1 etwa die 2,1-fache Zeit gegenüber Elektrolyt 2 benötigt, während der Materialaufwand das 0,64-fache beträgt. Bei jeweils optimalen Bedingungen mit moduliertem Strom ist die 2,6-fache Zeit notwendig, und der Materialverbrauch ist noch das 0,54-fache.
- Anders betrachtet, werden durch die Strommodulation die Verhältnisse gegenüber Gleichstrom folgendermaßen verbessert: Beim Elektrolyt 1 wird die Abscheidung um 28 % beschleunigt und 16 % weniger Werkstoff für eine bestimmte Mindestschichtdicke benötigt. Beim Elektrolyt 2 wird um 40 % schneller abgeschieden und 9 % weniger Werkstoff benötigt.

Das heißt, durch Strommodulation können an profilierten Werkstücken Abscheidezeit und Werkstoff eingespart werden. Gleichzeitig werden die unterschiedlichen Elektrolyteigenschaften - niedrige Abscheidegeschwindigkeit bei hoher Streufähigkeit und umgekehrt - verstärkt.

6.3.4 Makro-Eigenspannungen

Die Höhe der Eigenspannungen - deren eventuell ungleichmäßiger Verlauf über die Schichtdicke bei der verwendeten Meßmethode (Kap. 9.3.4) nicht berücksichtigt wird /130/ - hängt bei moduliertem Strom in ähnlicher Weise von der Beschichtungszeit ab wie bei Gleichstrom (Bild 24).

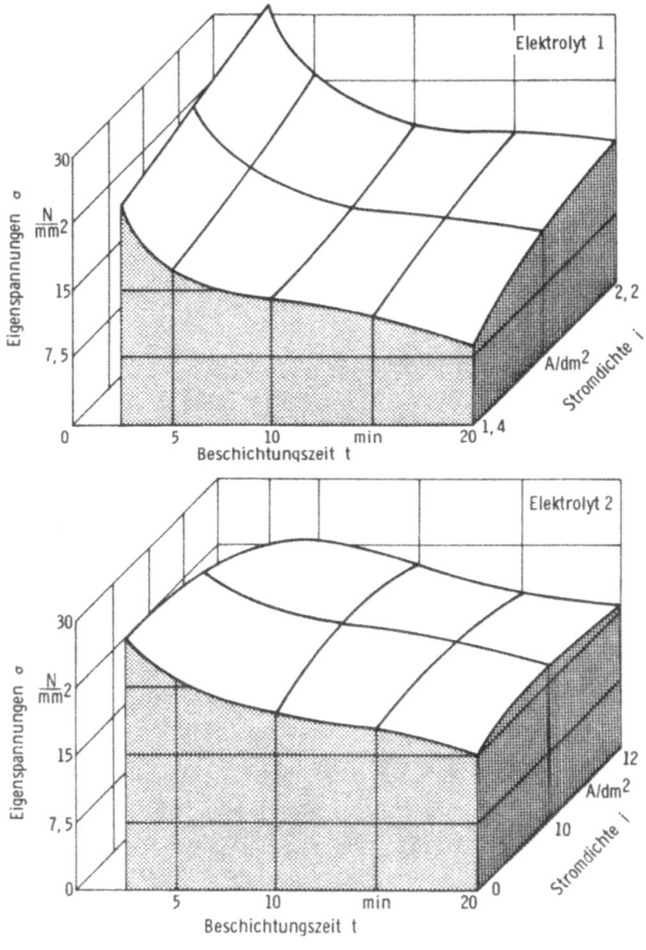

Bild 24: Einfluß von Stromdichte und Beschichtungszeit auf die Eigenspannung (Gleichstrom)

Die Meßergebnisse zeigen, daß durch modulierten Strom die Eigenspannungen der Schichten sehr beträchtlich verringert werden können. Im einzelnen zeigen die Stromparameter für beide Elektrolyte folgende Wirkungen (Bild 25):

- Die Eigenspannungen werden hauptsächlich durch zunehmende Stromwerte $\hat{i}_a$, $\hat{i}_k$ und Δi herabgesetzt.
- $\bar{i}$ wirkt wie bei Gleichstrom, also spannungserhöhend bei Elektrolyt 1, bei Elektrolyt 2 dagegen fast nicht. Das Extremum für $\hat{i}_k \approx 3$ A/dm² bei Elektrolyt 2 ist die Folge des $\bar{i}$-Einflusses wegen eines nicht ausgewogenen Versuchsprogramms.
- Der zeitliche Verlauf der Stromform zeigt wenig Einfluß. σ nimmt leicht ab mit abnehmendem T^*; für f ist ein leichtes Minimum bei ca. 10^2 Hz festzustellen, seine Signifikanz ist jedoch unklar.

Wegen des starken Einflusses der Spitzenströme liegt ähnlich wie für die Oberflächentopographie eine Erklärung der Erscheinungen als Kristallisationseffekte nahe. - Näheres hierzu ist im Kapitel 7 zu finden.

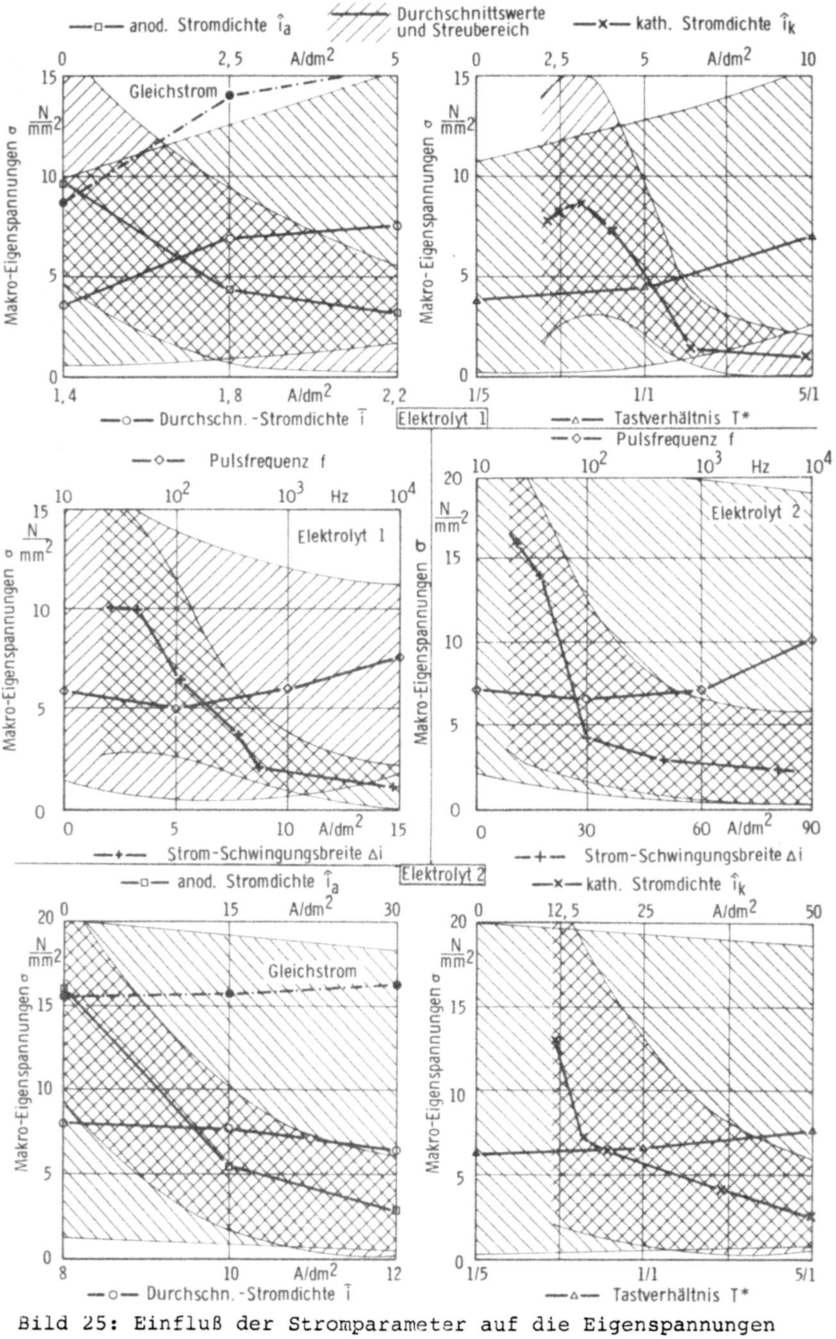

Bild 25: Einfluß der Stromparameter auf die Eigenspannungen

6.3.5 Eigenschaften dicker Schichten

In einer Stichprobenauswahl aus dem bisherigen Untersuchungsbereich wurden die Eigenschaften von Schichten im Millimeterbereich metallographisch untersucht. Wegen der begrenzten Wertezahl wird auf Auswertungen in Diagrammform verzichtet.
Die zunächst auffallendste Beobachtung gegenüber den bisher abgeschiedenen dünnen Schichten waren gravierende Unterschiede in der Oberflächenrauheit und unterschiedlicher, zum Teil stark dendritischer Bewuchs der Außenkanten (Bild 26). Im einzelnen waren folgende Einflüsse der Strommodulation auf die untersuchten Eigenschaften festzustellen:

Gefügestruktur

Übernimmt man die Bezeichnungsweisen von Fischer /117/, so gehören der feinkörnige Unorientierte Dispersions-(UD-)Typ, der senkrecht zur Oberfläche ausgerichtete Feldorientierte Textur-(FT-) Typ, sowie der sehr grobkörnige Feldorientierte Isolations(FI-) Typ zu den beobachteten Gefügetypen. Die Einteilung ist allerdings nicht eindeutig, oft sind innerhalb einer Schicht alle Typen vertreten. Am häufigsten ist ein Übergangsstadium zwischen FT- und UD-Typ (Bild 27). Der Zusammenhang zwischen Gefügetyp und Stromdaten ist nicht deutlich: Mit zunehmenden Stromdichten $\bar{i}$ und $\hat{i}_k$ entsteht zunächst der UD-, dann der FT- und schließlich der FI-Typ. Völlig unklar ist im Rahmen der Versuche das Entstehen des UD-Typs; einheitlich ist lediglich, daß er immer als Basis des FT-Typs auftritt. Der FI-Typ ist hauptsächlich bei gleichzeitig hohen $\hat{i}_k$ und T^* zu beobachten.

Rauheit

In Anbetracht der stark unterschiedlichen Strukturen war eine visuelle Bewertung ausreichend. Es zeigte sich, daß rauhe Schichten eher beim Gefügetyp FI und dem Übergangstyp FT-UD auftreten, während der reine FT-Typ meist eine recht glatte Oberfläche aufweist. Der Einfluß der Stromparameter zeigt folgende Tendenzen:

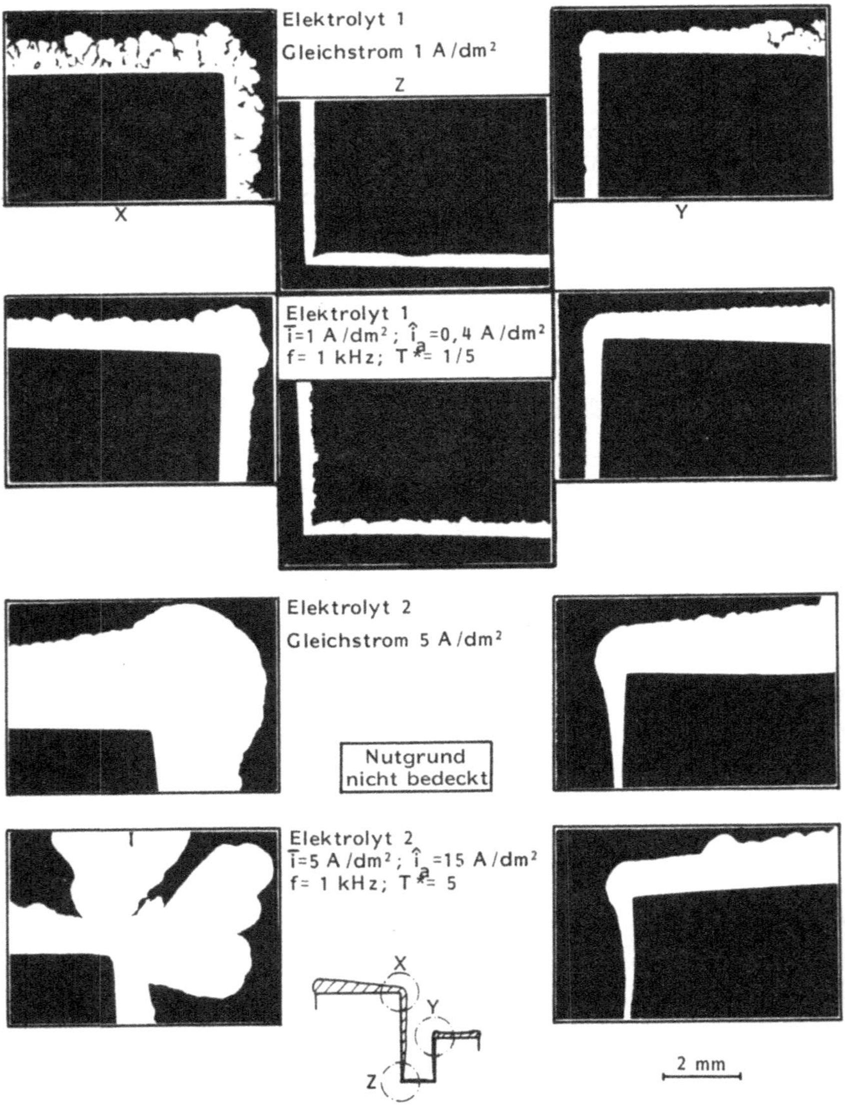

Bild 26: Typische Beispiele für Kantenbewuchs und Rauheit bei profilierten Werkstücken

- Gleichstromschichten sind im Durchschnitt ebener als mit Strommodulation hergestellte.
- Aufrauhung entsteht durch steigendes $\bar{i}$, $\hat{i}_k$ und $\hat{i}^* = \hat{i}_k/\hat{i}_a$ sowie fallendes T^* und f. Zunehmendes Δi bewirkt beim Elektrolyt 1 Aufrauhung, beim Elektrolyt 2 Einebnung. Diese Beobachtungen stehen in Einklang mit den Ergebnissen im Kapitel 6.3.1.

Der vermutete, aber undeutliche Zusammenhang zwischen Gefügetyp und Oberflächenstruktur läßt annehmen, daß letztere außer durch die Kristallisationsform auch noch durch andere Einflüsse geprägt wird. -Hierauf wird in Kapitel 7 nochmals eingegangen.

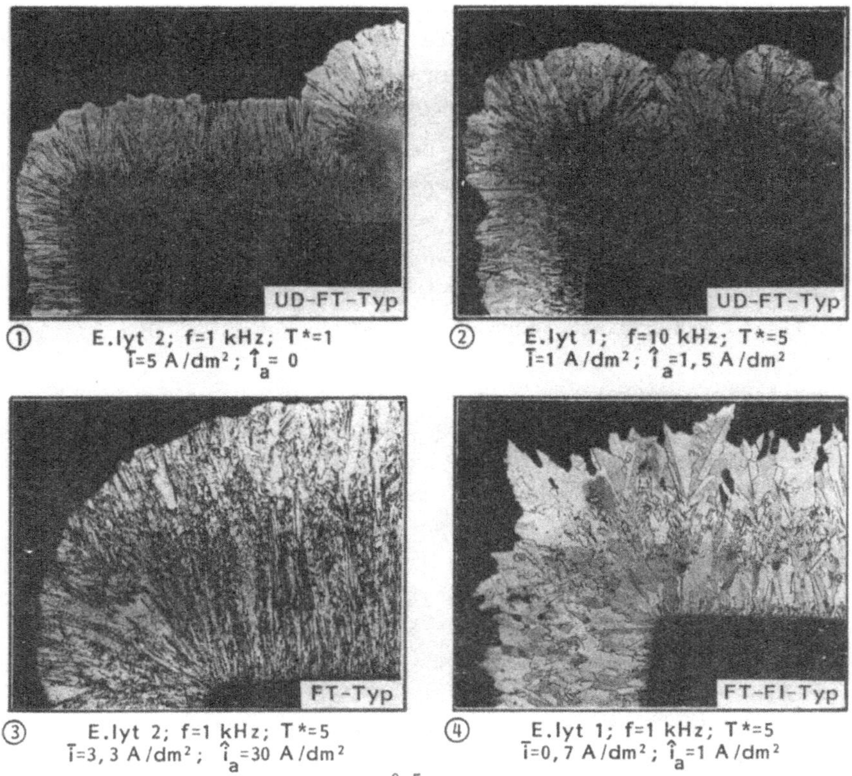

Bild 27: Querschliffe typischer Gefügestrukturen

Kantenbewuchs

Die Wirkung der Stromparameter auf den Kantenbewuchs ist ähnlich wie bei der Rauheit. Besonders fällt auf, daß mit steigender Frequenz die zunächst relativ kompakten Randdendriten feiner und stärker verzweigt werden. Allerdings ist bei ein und derselben Probe keineswegs immer eine Korrelation zwischen Rauheit und Kantenbewuchs festzustellen; häufig treten bei stark dendritischem Bewuchs ausgesprochen glatte Flächen auf. Für diese Erscheinungen bieten sich mehrere Erklärungen an:

- Der Kantenbewuchs wird zusätzlich durch die Makro-Streufähigkeit beeinflußt. Als Beleg dafür kann die Wirkung von hohem $\hat{i}_k$ in Verbindung mit niedrigem T^* angesehen werden. In dieser Kombination tritt der stärkste Bewuchs auf. Beide Faktoren verstärken die Rauheit und verschlechtern die Streufähigkeit, so daß im Kantenbereich verstärkte Aufrauhung zu erwarten ist.
- Die Flächen werden durch die Dendriten abgeschirmt, so daß sie unter dem Einfluß niedriger Stromdichte relativ glatt bleiben.
- Das Dendritenwachstum folgt anderen Gesetzmäßigkeiten als die Oberflächentopographie. - Auch auf diesen Aspekt wird in Kapitel 7 näher eingegangen.

Schichtdickenverteilung

Nimmt man als Maß für die Streufähigkeit auf der verwendeten Werkstückform die Verhältnisse der Schichtdicken auf den drei anodenparallelen Flächen (Kap. 9.3.5, S. 128), so ergeben sich ähnliche Tendenzen wie in der Haring-Blum-Zelle, teilweise aber auch Abweichungen: Die Wirkung von $\bar{i}$ ist weniger deutlich als in der Haring-Blum-Zelle. Bei beiden Elektrolyten wird die Schichtdickenverteilung verbessert durch steigende $\bar{i}$ und abnehmende Δi und $\hat{i}_a$. Letzteres steht im Widerspruch zu den Messungen mit der Haring-Blum-Zelle.
Diese Abweichungen lassen sich qualitativ leicht erklären, zum einen durch die veränderten "praxisnäheren" Versuchsbedingungen, zum anderen durch die erhebliche Verfälschung der Stromverteilung durch den Kantenbewuchs.

Härte

Für die Werte der Kleinlasthärte ist kein direkter Zusammenhang zu den Stromdaten feststellbar. Hauptgrund dafür ist, daß die Härteunterschiede zwischen verschiedenen Bereichen einer Schicht oft größer sind als die zwischen derselben Meßstelle an zwei verschiedenen Schichten, die mit unterschiedlichen Arbeitsbedingungen abgeschieden sind. Die $HV_{0,2}$-Werte liegen für Gleichstrom wie modulierten Strom überwiegend zwischen 500 und 700 N/mm^2. Einzelne Messungen liegen bei 1300 bis 1400 N/mm^2, Werte dazwischen treten praktisch nicht auf. Mit Gleichstrom abgeschiedene Schichten sind im Durchschnitt etwas härter als mit moduliertem Strom erzeugte.
Im Gegensatz zu den Stromdaten ist der Zusammenhang zwischen Härte und Gefügestruktur offensichtlich: Harte Schichten besitzen immer die feinkörnige UD-Struktur. Alle Faktoren, die Feldorientierung und Kristallgröße erhöhen, erzeugen daher weiche Schichten. Dies entspricht bekannten Gesetzmäßigkeiten.

Eigenspannungen

Bei einigen Schichten äußerten sich hohe Eigenspannungen im Abheben der Schicht während des Abscheidens. Im Einklang mit den Ergebnissen aus Kapitel 6.3.4 trat dies nur beim Elektrolyt 2 und Gleichstrom oder Gleichstromimpulsen auf. Härte und Eigenspannungen hängen in ähnlicher Weise von der Gefügestruktur ab: beide sind beim UD-Gefüge hoch.

6.3.6 Zusammenfassung

Ein Überblick über die Auswirkung modulierten Stromes auf die untersuchten technologischen Schichteigenschaften ergibt folgendes Bild:

- Die Oberflächentopographie ist sehr vielfältig. Es können ebenere Oberflächen als bei Gleichstrom und auch sehr rauhe mit ausgeprägt kristalliner Struktur erzeugt werden. Es besteht eine erhöhte Neigung zu Dendritenwachstum.
- Die Stromausbeute wird in Grenzstromnähe im Gegensatz zur Gleichstromabscheidung kleiner als 100 %.

- Trotzdem läßt sich die tatsächliche Abscheidegeschwindigkeit steigern.
- Die Makro-Streufähigkeit nimmt in Grenzstromnähe zu.
- Die Eigenspannungen der Schicht können gegenüber Gleichstrom erheblich verringert werden.
- Die Gefügestruktur ist ähnlich vielfältig wie die Oberflächengestalt; es überwiegen feldorientierte Kristallisationsformen.
- Die Härte der Schichten entspricht der von Gleichstromschichten gleicher Gefügestruktur. Hohe Härte tritt nur bei feinkörnigem Gefüge auf.

Im Kapitel 7.3 werden diese Ergebnisse zum Zweck einer grundlegenderen Betrachtung der Wirkungsweise von moduliertem Strom wieder aufgegriffen.

7 Interpretation der Ergebnisse

Im Kapitel 6 wurde in einer rein phänomenologischen Betrachtungsweise die Form des Abscheidestroms durch vier relativ willkürlich ausgewählte Parameter beschrieben und die Auswirkung von Veränderungen dieser Parameter auf verschiedene Schichteigenschaften untersucht. Obwohl sich bereits hieraus für einige Effekte Erklärungen ableiten lassen, bleiben die Zusammenhänge zwischen der "Verfahrensgröße Strommodulation" und den resultierenden Schichteigenschaften unklar.
Daher wird im folgenden Kapitel die Frage untersucht, wieweit

- die Wirkung von moduliertem Strom auf die Eigenschaften der abgeschiedenen Schichten einer geschlossenen Erklärung zugeführt werden kann und
- die Größe "Strommodulation" begrifflich überschaubar gefaßt, also meßtechnisch einfach aber zutreffend beschrieben werden kann.

Dazu folgt in Kapitel 7.1 eine Zusammenstellung der in der Literatur vorhandenen Theorien über die Wirkung von moduliertem Strom. Kapitel 7.2 beschreibt ergänzende Untersuchungen zur Prüfung der Theorien. In Kapitel 7.3. schließlich werden darauf aufbauend die experimentellen Resultate von Kapitel 6 in schematisierter Form analysiert und der Versuch einer verallgemeinerungsfähigen Interpretation unternommen.

7.1 Theoretische Betrachtungen zur Wirkung von moduliertem Strom

Die systematische Darstellung der vielfältigen in der Literatur angetroffenen Theorien soll anhand der Betrachtung einer "Kausalitätskette" erfolgen (Bild 28). Dabei liegen folgende Überlegungen zugrunde:

1. Welche charakteristischen Merkmale weist modulierter Strom gegenüber Gleichstrom auf, und welche Auswirkungen auf die Abscheidemechanismen von Kupfer sind davon zu erwarten? (Kapitel 7.1.2).

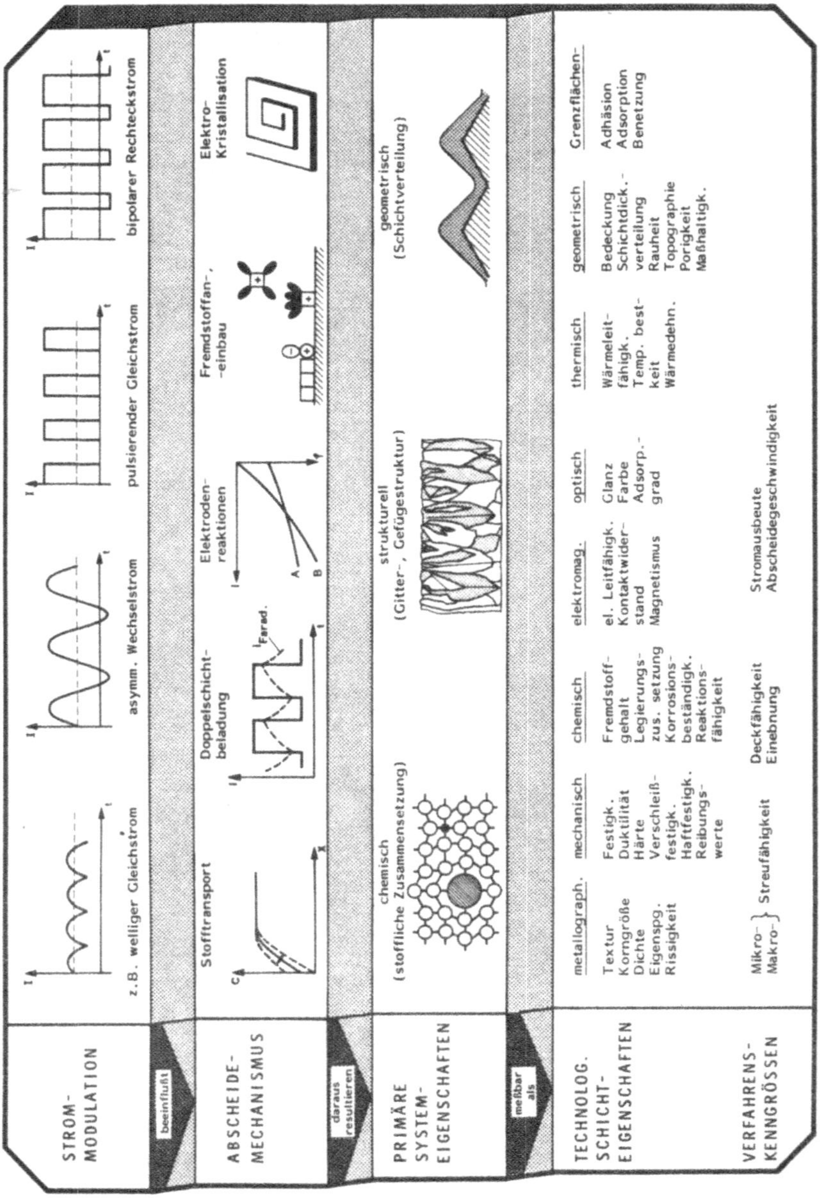

Bild 28: Wirkungsweise von moduliertem Strom

2. Welche Einflüsse der veränderten Abscheidemechanismen auf die Eigenschaften der abgeschiedenen Schichten sind zu vermuten? Dabei soll unterschieden werden zwischen "primären Systemeigenschaften", die unmittelbar auf die Abscheidevorgänge zurückzuführen sind, und "technologischen Eigenschaften" bzw. "Verfahrenskenngrößen". Diese Meßgrößen stellen im allgemeinen nur spezifische Aspekte der primären Eigenschaften dar; sie stehen meist in einem sehr komplexen Zusammenhang mit diesen und können nicht mehr direkt auf die Abscheidemechanismen zurückgeführt werden (Kapitel 7.1.3).

Vorangestellt wird eine kurze Betrachtung der wichtigen Mechanismen der Kupferabscheidung (Kapitel 7.1.1).

7.1.1 Zur Kinetik der Kupferabscheidung

Eine vollständige und geschlossene Erklärung der Vorgänge bei der Kupferabscheidung existiert noch nicht. Als allgemein akzeptiert können wohl die folgenden wesentlichen Punkte betrachtet werden /68, 118, 131/.
In der Abfolge der Abscheidevorgänge (Transport im Elektrolyt durch Konvektion, Migration und Diffusion → Dehydration → Doppelschichtdurchtritt → Oberflächendiffusion → Kristallisation) wird die Geschwindigkeit der Abscheidung mit zunehmender Stromdichte bestimmt durch

- Oberflächendiffusion bei sehr niedriger Stromdichte, anschliessend
- Doppelschichtdurchtritt, dann
- Flüssigkeitsdiffusion und schließlich
- die erste Stufe der zweistufigen Reduktion $Cu^{2+} + e^- \rightarrow Cu^+$ (langsam)

  $Cu^+ + e^- \rightarrow Cu$ (schnell)

Die Elektrokristallisation ist stark abhängig vom Abscheidepotential φ:

- Bei niedrigem φ findet eine geringe Keimbildung bei relativ starkem Keimwachstum statt; die Schichten sind grobkristallin bei bevorzugt zweidimensionalem Wachstum.
- Bei hohem φ nimmt die Keimbildung relativ zum Keimwachstum zu, das Wachstum erfolgt verstärkt dreidimensional.

Das Kathodenpotential und damit verbunden die Stromdichte bestimmen also die Abscheidevorgänge entscheidend (Bild 29). Die grundsätzlich mögliche Abscheidung über dem Wasserstoffpotential, also im Zweistoffsystem, ist wegen der damit verbundenen schlechten Schichtqualität praktisch uninteressant.

Kathodenpotential/ Stromdichte	Geschwindigkeitsbestimmender Vorgang	Kristallisation	
		Keimbildung	Kristallwachstum
sehr niedrig	Oberflächendiffusion	gering	Mono-Schichten
niedrig	Doppelschichtdurchtritt (Aktivierung)	zunehmend bei abnehmender Keimgröße	zweidimensional in Vorzugsrichtungen
mittel	Flüssigkeitsdiffusion	zunehmend	Schrauben- bzw. Pyramidenwachstum, Größe abnehmend
hoch	$Cu^{++} \rightarrow Cu^{+}$	hohe Keimbildungsrate, kleine Keime	dreidimensionales Wachstum, polykristallin

Bild 29: Schema zur Kinetik der Kupferabscheidung

7.1.2 Veränderung der Abscheidemechanismen durch Strommodulation

Modulierter Strom zeichnet sich gegenüber Gleichstrom besonders durch drei Charakteristika aus:

- Es handelt sich um einen "quasi-stationären" Zustand. Die Abscheidebedingungen werden periodisch verändert; insbesondere die Initialvorgänge, die bei Gleichstrom fast bedeutungslos sind, werden ständig wiederholt. Der Zustand hat eine stationäre und eine instationäre Komponente: je nach Schnelligkeit des betrachteten Vorgangs relativ zur Impulsdauer wird er sich ebenfalls periodisch wiederholen (instationär) oder einen mittleren Zustand einnehmen (stationär).

- Um über einen größeren Zeitraum dieselbe Metallmenge abzuscheiden, muß gegenüber Gleichstrom die abscheidende Stromdichte $\hat{i}_k$ wesentlich erhöht sein, was gleichzeitig ein höheres

Kathodenpotential bedeutet. Letzteres kann sich - wie beobachtet - bei konstanten $\hat{i}_k$ während des Impulses ändern.

- Während der Ruhezeit bzw. des anodischen Impulses ist ebenfalls mit veränderlichem Potential, also elektrochemischer Aktivität, zu rechnen. Ein anodischer Impuls wird wegen der kausalen Verknüpfung von Ladungs- und Stofftransport in aller Regel mit Metallauflösung verbunden sein, damit findet ein höherer Ladungsumsatz statt als bei Gleichstrom oder Impulsstrom.

Die Antwort auf die Frage nach der Auswirkung dieser Charakteristika auf die Abscheidemechanismen bedarf einer Vorbemerkung. Bei Sichtung der Literatur fällt auf - was Erdey-Grúz /118/ allgemein für die Erforschung der Abscheidevorgänge feststellt -, daß viele forschungsmäßig isoliert nebeneinander existierende Teilgebiete existieren, ohne daß eine vollständige und geschlossene Theorie für den ganzen Komplex vorhanden wäre. Dies äußert sich hier so, daß einige Gesichtspunkte - vor allem der Stofftransport - als gründlich untersucht gelten können, während andere Bereiche - beispielsweise die Kristallisation - im Zusammenhang mit moduliertem Strom so gut wie nicht untersucht sind. Der veröffentlichte Stand der Theorie läßt sich in 5 Bereiche gliedern (vgl. Bild 28):

1. Stofftransport

Die Migration dürfte auch bei Strommodulation eine nur geringe Rolle spielen. Bei der Konvektion ist außer durch zusätzliche Erwärmung (Kapitel 9.1.2) kein Effekt zu erwarten. Die Diffusion wurde gründlich theoretisch wie experimentell untersucht, vor allem durch Ibl, Cheh und Popov mit Mitarbeitern; Entstehung, Aufbau und Dicke der Diffusionsschicht wurden rechnerisch und im Experiment betrachtet. Während Ibl sich einer anschaulichen Berechnung mittels der Nernst'schen Approximation des Konzentrationsgefälles bedient /68, 100, 101, 104, 132/, existieren auch exaktere Berechnungen mit Hilfe der Fick'schen Gesetze /60, 137/. Neben Impulsstrom wurde auch Umpolstrom untersucht /94, 99, 133/.

Zusammengefaßt ergibt sich folgende Anschauung: Die Diffusionsschicht baut sich relativ langsam auf. Beim dauernden Unterbrechen und Wiedereinschalten des Stromes bildet sich eine von der Kathode ausgehende gedämpfte "Konzentrationswelle", deren konkreter Verlauf von den Stromdaten und Elektrolyteigenschaften abhängt (Bild 30) /65/. Die Oberflächenkonzentration schwankt zwischen den Extrema c_1 und c_2, der äußere Bereich der Diffusionsschicht entspricht dem bei Gleichstrom ($\bar{i} \sim (d\bar{c}/dx)$).

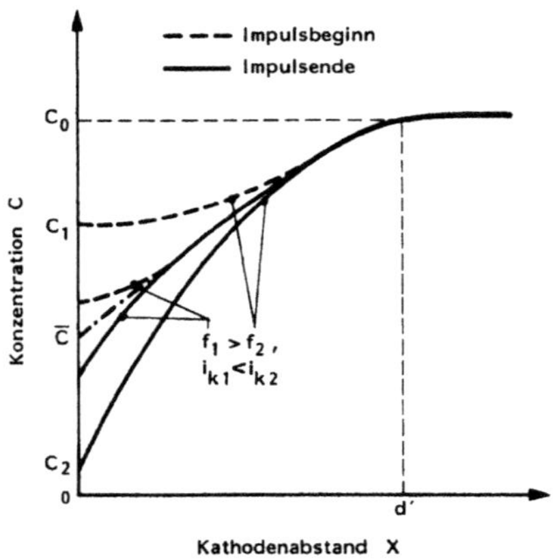

Bild 30:
Schema einer pulsierenden Diffusionsschicht (nach Popov/65/)

Wenn sich zwischen zwei Impulsen die Diffusionsschicht völlig zurückbilden kann ($T_a \gg T_k$), sind gegenüber Gleichstrom extreme Impulsstromdichten erzielbar; T_k darf so groß sein, daß c_2 eben Null wird (Grenzstromimpuls). Durchschnittsstrom und Diffusionsschichtdicke d' hängen dagegen von $\bar{c}$ ab und entsprechen Gleichstrombedingungen. Daher kann die durchschnittliche Abscheidegeschwindigkeit die von Gleichstrom nicht übersteigen /99, 133/. Bei sehr kleinen T^* kann sich allerdings das Verhältnis $\hat{i}_k/d'$ stark erhöhen; eine hohe Momentanstromdichte ist dann bei sehr dünner Diffusionsschicht zu erreichen, dies jedoch nur bei niedrigem $\bar{i}$ /134/. Bei zunehmender Frequenz und nicht zu kleinem T^* wird die Konzentrationsschwankung (c_1 - c_2) immer kleiner, der Diffusionsschichtzustand nähert sich dem von Gleichstrom an.

Die <u>anodische Auflösung</u> wird trotz widersprüchlicher Theorien /132, 135, 136/ in der Regel als Stofftransportphänomen betrach-

tet. Die Abtragverteilung ist ähnlich wie die Schichtverteilung von der Diffusionsschichtdicke abhängig.
Die Bedeutung des Stofftransports liegt damit in mehreren Bereichen:

- Die erhöhten Impulsstromdichten beeinflussen über das erhöhte Aktivierungspotential potentialabhängige Vorgänge.
- Als direkt stofftransportbestimmte Phänomene werden Schichtverteilung, Rauheit, Dendriten- oder Pulverbildung sowie die Verteilung des anodischen Abtrags betroffen.
- Die wechselnde Oberflächenkonzentration läßt Auswirkungen auf die Kristallisation erwarten.

2. Elektrische Gesichtspunkte

Für die rein elektrische Betrachtung einer galvanischen Zelle werden als Ersatzschaubild für die Elektrodengrenzschicht meist ein parallelgeschalteter Widerstand und Kondensator verwendet /138 - 140/(Bild 31). Zwei Gesichtspunkte ergeben sich daraus:

- Die Doppelschicht wird periodisch be- und entladen. Bei Frequenzen im kHz-Bereich wird dadurch der über R_K (Bild 31) fließende Faraday-Strom und damit das Abscheidepotential gedämpft /58, 106, 132, 141/. Der Effekt ist bei hoher Elektrolytkonzentration geringer /118/. Von Bedeutung ist die Doppelschichtkapazität daher bei höheren Frequenzen für alle potentialabhängigen Vorgänge. Sie bewirkt außerdem einen Entladestromfluß in der außenstromlosen Ruhezeit.
- Die bei moduliertem Strom höhere Stromwärme (vgl. Kapitel 9.1.2) verändert die Konvektionsverhältnisse und die Kristallisationsbedingungen.

3. Elektrodenreaktionen

Infolge der diffusionsbedingt möglichen Überstromdichten beim kathodischen Impuls erfolgt die Abscheidung bei höherem Potential als bei Gleichstrom /105/. Während des Impulses verschieben sich die Anteile der verschiedenen Polarisationsarten an der Gesamtpolarisation: Die Diffusionspolarisation nimmt zu, während die Durchtrittspolarisation etwa konstant bleibt und die Kristallisationspolarisation im allgemeinen vernachlässigbar bleibt /68/. Primär aus der Trägheit der Diffusion resultiert eine Abnahme der Potential-Schwingungsbreite $\Delta\varphi$ mit steigender Frequenz /97, 98/. Dadurch sind allgemein Anteilsverschiebungen der abgeschiedenen Stoffe bei Mehrstoffsystemen möglich; speziell für Kupfer ist eine einwandfreie Abscheidung auch bei Mitabscheidung von Wasserstoff möglich /100, 105/. Besondere Beachtung verdient die zweistufige Entladung der Kupferionen ($Cu^{2+} \rightarrow Cu^{+} \rightarrow Cu$, siehe oben) /61, 68, 118, 135/.

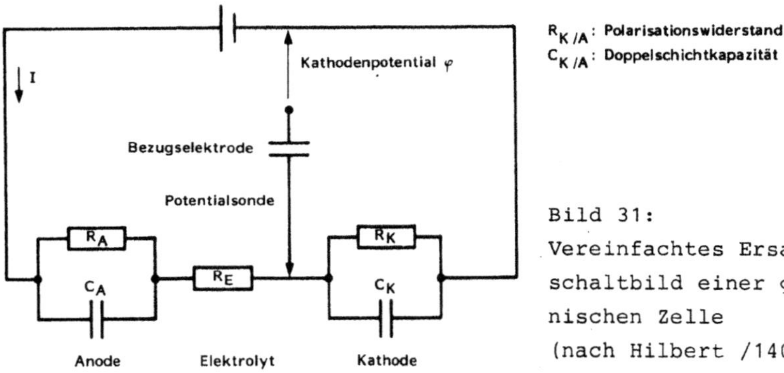

Bild 31: Vereinfachtes Ersatzschaltbild einer galvanischen Zelle (nach Hilbert /140/)

Beim anodischen Impuls findet abgesehen von der Doppelschichtentladung ein Schichtabtrag statt. Eine Polierwirkung im Sinn einer Einebnung der Oberfläche im Passivbereich /136, 142/ ist nicht zu erwarten, da in der Regel der Passivbereich nicht erreicht wird/133/ Die Bedeutung der Elektrodenreaktionen ist daher in drei Bereichen zu suchen:

- Die anteilige Zusammensetzung von Mehrstoffsystemen und damit unter Umständen die Stromausbeute kann sich ändern, beim Einstoffsystem Kupfer ist dies allerdings bedeutungslos.
- Die Schichtverteilung kann durch Verschiebung der Polarisationsarten und durch veränderte Stromausbeute beeinflußt werden.
- Veränderte Polarisationsverhältnisse können auch die Kristallisationsüberspannung ändern.

4. Fremdstoffan- oder -einbau

Die Umsetzung und evtl. der Einbau von Fremdstoffen (Inhibitoren, Katalysatoren, Wasserstoff...) sind in erheblichem Maß potential- bzw. stromdichteabhängig /13, 50, 143/. Ein Einfluß von moduliertem Strom wurde beispielsweise beim Kohlenstoffeinbau in Gold /74, 144/ und beim Wasserstoffeinbau bei Nickel und Zink /81, 88/ beobachtet. Für einen anodischen Impuls sind gegenläufige Effekte, zum Beispiel infolge Desorption, zu vermuten. Die genannten Punkte sind jedoch für die untersuchten zusatzfreien Elektrolyte belanglos.

5. Elektrokristallisation

Für den kathodischen Impuls ist vor allem die Relation zwischen Keimbildung und Keimwachstum wichtig (Bild 29). Am Impulsbeginn tritt eine verstärkte Keimbildung auf infolge hoher Stromdichte und hoher Ionenkonzentration an der Kathodenoberfläche /34, 58, 68, 83, 109, 117, 145/. Häufige Wiederholung durch hohe Frequenz erzeugt so ein feinkörniges Gefüge. Abgeschwächt wird diese Erscheinung durch die kapazitive Dämpfung des Stromes (siehe oben). Hohe Stromdichte bzw. hohes Potential fördern gleichzeitig das dreidimensionale Wachstum, also die Feldorientierung /18, 68, 123, 146/.
Die Aussagen über das Kristallwachstum sind uneinheitlich; es dürfte stark vom Elektrolyt abhängen /117/. In der Regel ist eine höhere Keimwachstumsrate bei hohem Durchschnittsstrom zu erwarten /34/. Die Geschwindigkeit der Oberflächendiffusion ist beschränkt; daher ist für hohe Frequenzen keine geordnete Anlagerung der Ad-Atome an Wachstumsstellen mehr möglich /146, 147/. Dieser Punkt dürfte keine Rolle mehr spielen bei hoher Stromdichte mit hoher Keimbildung, also kurzen Diffusionswegen.

Für den anodischen Impuls sind zwei Gesichtspunkte zu beachten. Zum einen ist eine Aktivierung der Oberfläche zu vermuten /41/, zum anderen sind - mit Vorbehalt - Kristallerholungserscheinungen bei niedriger Frequenz vorstellbar /109/, die durch erhöhte Stromwärme verstärkt sein könnten.
Die Bedeutung der Elektrokristallisation stellt sich damit folgendermaßen dar:

- Die Gefügestruktur wird durch Strommodulation tendenziell stärker feldorientiert und feinkörniger. Letzteres wird u.U. durch den Einfluß des Durchschnittsstroms kompensiert.
- Die Oberflächenrauheit ist von den erwähnten Diffusionseffekten abhängig, aber auch stark kristallisationsbedingt.
- Oberflächenauswüchse (Knollen, Dendriten...) gehen auf bestimmte Kristallisationsformen zurück (siehe Kapitel 7.3.2).

7.1.3 Einfluß der veränderten Abscheidemechanismen auf die primären Systemeigenschaften

Die im vorigen Kapitel dargestellten möglichen Effekte lassen sich unter dem Gesichtspunkt der primären Systemeigenschaften (vgl. Bild 28) folgendermaßen zusammenfassen:

1. Einfluß auf die stoffliche Zusammensetzung

- Anteilsverschiebungen bei Mehrstoffsystemen, dadurch veränderte Stromausbeute und Wasserstoffeinbau sowie andere Zusammensetzung von Legierungen infolge höheren Abscheidepotentials;
- veränderter Fremdstoffumsatz und -einbau.

2. Einfluß auf die Gitter- und Gefügestruktur

- Erhöhte Keimbildung bei hohen Spitzenströmen und Frequenzen infolge erhöhter Oberflächenkonzentration und höheren Abscheidepotentials;
- Abschwächung dieses Effektes durch kapazitive Stromdämpfung und hohen Durchschnittsstrom;
- verstärkte Feldorientierung des Gefüges;
- Veränderung der Gitterstruktur infolge unterschiedlichen Fremdstoffeinbaus;
- Kristallerholung durch Ruhezeit und Erwärmung

3. Einfluß auf die Schichtverteilung

- Mittlere Schichtdicke:
  - tendenziell niedrigere Abscheidegeschwindigkeit bei diffusionskontrollierten Prozessen;
  - veränderte Stromausbeute;
  - höhere Grenzstromdichte durch Erwärmung;
- veränderte Makro-Schichtverteilung durch:
  - Polarisationsverschiebungen;
  - anodische Abtragsverteilung;
  - Doppelschichtentladung;
  - veränderte Fremdstoffanlagerung;
  - Dendritenwachstum durch hohes Potential und andere Diffusionsbedingungen;
- veränderte Mikro-Schichtverteilung durch:
  - tendenziell dünnere Diffusionsschicht infolge Trägheit der Diffusion und Wärmekonvektion;
  - Auswirkung der Gefügestruktur auf die Oberfläche.

7.2 Experimentelle Überprüfung wesentlicher theoretischer Betrachtungen

7.2.1 Stromdichte-Potential-Kurven

Im Gegensatz zu den im Kapitel 6.2.1 beschriebenen Voruntersuchungen, die das "Herantasten" an praktikable Arbeitsbedingungen bezweckten, dienten die folgenden Versuche der Analyse des Abscheidezustandes unter den gewählten Arbeitsbedingungen, also insbesondere bei höheren Frequenzen und Stromdichten. Um dem quasi-stationären Charakter der Abscheidung Rechnung zu tragen, wurden zwei Arten von Kurven aufgenommen:

- quasi-stationäre (mit sehr niedrigem $(d\bar{i}/dt)$ aufgenommene) $\bar{i}$-$\bar{\varphi}$-Kurven, bei denen die konstant vorgegebene Rechteckstromform kontinuierlich bis $\bar{i} = i_G$ verstärkt wurde, analog zu den geläufigen i-φ-Kurven für Gleichstrom;
- galvanodynamische i-φ-Kurven, durch deren Dreieck-Stromsignal wählbarer Flankensteilheit der Übergang vom stationären Zustand zu den sehr steilflankigen Rechteckströmen simuliert wurde.

1. Quasistationäre $\bar{i}$-$\bar{\varphi}$-Kurven

Die Kurven mit Strommodulation gleichen qualitativ den Gleichstromkurven, weichen jedoch in drei Punkten etwas ab (Bild 32):

- Die Kurven mit niedrigerer Frequenz weisen einen etwas erhöhten Grenzstrom i_G auf.
- Die Kurven mit anodischem Stromanteil zeigen neben höherem Grenzstrom bei mittleren Stromdichten ein kleineres Durchschnittspotential $\bar{\varphi}$.
- Bei einigen Kurven mit moduliertem Strom biegt die Kurve nach dem vertikalen "Grenzstromplateau" bereits vor dem Potential wieder ab, bei dem Wasserstoffentwicklung zu erwarten wäre.

Die Veränderungen im Grenzstrombereich gegenüber Gleichstrom konnten als Aufrauhungseffekt identifiziert werden. Dies wurde durch Kontrollversuche mit verschiedenen $d\bar{i}/dt$ belegt. Die Aufrauhung bewirkt eine Oberflächenvergrößerung, die so schnell vor sich gehen kann, daß trotz langsam steigendem $\bar{i}$ das Wasserstoffpotential nicht erreicht wird, sondern das Abscheidepotential sogar absinkt. Die aus der makro-geometrischen Kathodenfläche berechnete Stromdichte ist also höher als die tatsächlich einwirkende Stromdichte auf der rauhen Oberfläche; die Grenzstromdichteerhöhung ist daher ein scheinbarer Effekt, der absolute Grenzstrom I_G allerdings wird tatsächlich höher.
Diese Beobachtung erklärt die in Kapitel 6.3.2 beschriebene Erhöhung der Abscheidegeschwindigkeit mit moduliertem Strom. Die Oberfläche wird in Grenzstromnähe zwar rauher als bei Gleichstrom, gleichzeitig wird sie aber so vergrößert, daß erst bei erheblich höherem Absolutstrom die Schicht durch Erreichen des Wasserstoffpotentials pulvrig, also unbrauchbar wird. Dieselbe geometrische Oberfläche kann so mit einer größeren rechnerischen Stromdichte beaufschlagt werden. Besonders deutlich ist die Erscheinung beim Elektrolyt 2.

Das niedrige Durchschnittspotential bei mittleren Stromdichten mag teilweise auch hiermit erklärbar sein. Wahrscheinlicher aber erscheint eine veränderte Diffusionsüberspannung, was auf eine dünnere Diffusionsschicht schließen läßt.

Als <u>Schlußfolgerung</u> aus den Versuchen ist festzustellen, daß derartige $\bar{i}$- $\bar{\varphi}$-Kurven zum Beobachten langsamer Prozesse geeignet sind. Für die untersuchten Elektrolyte wurde eine beträcht-

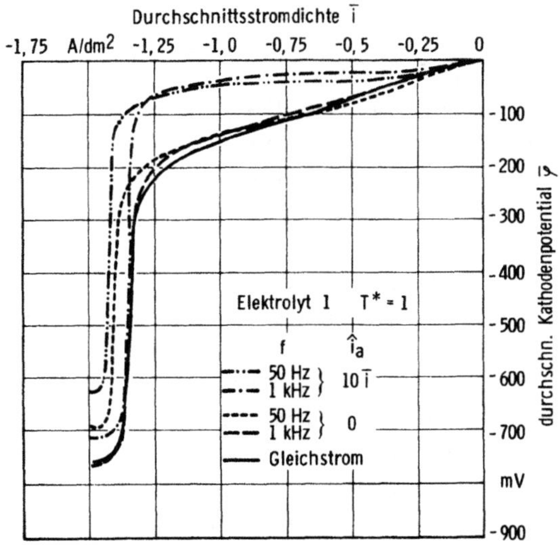

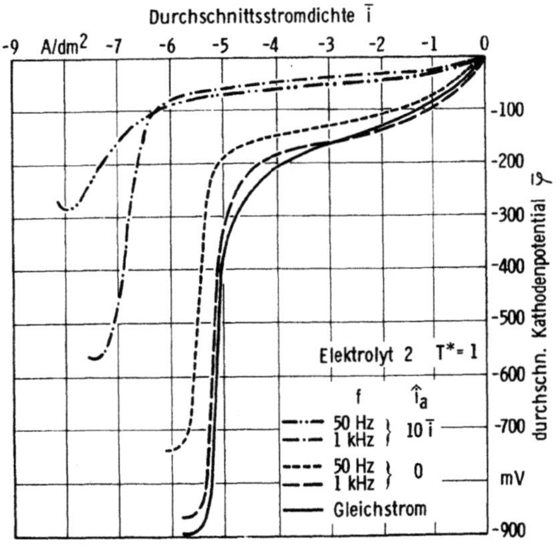

Bild 32:
Quasi-stationäre Stromdichte-Potential-Kurven bei unterschiedlicher Strommodulation

liche Schichtaufrauhung in Grenzstromnähe festgestellt, die einen höheren Abscheidestrom auf eine gegebene Makro-Oberfläche zuläßt. Ein niedrigeres Durchschnittspotential läßt in Übereinstimmung mit theoretischen Berechnungen eine dünnere Diffusionsschicht vermuten.

2. Galvanodynamische i-φ-Kurven

Die aufgenommenen Kurven (Bilder 33 a - c) lassen sich sämtlich anhand der oben beschriebenen Theorien interpretieren:
Die Kurven weisen eine frequenzabhängige Hysterese auf. Daß diese im Bereich um etwa 1 Hz ein Minimum aufweist (Aufnahmen 1 - 4, 9 - 12), läßt auf zwei unterschiedliche Ursachen schließen. Wie im nachfolgenden Kapitel noch untermauert wird, bietet es sich an, für die Hysterese bei niedrigen Frequenzen die Diffusionsschichtformierung verantwortlich zu machen: Zwischen Vor- und Rücklauf des Stromes durch ein und denselben Wert baut sich die Diffusionsschicht auf und ruft beim Rücklauf ein höheres kathodisches Potential hervor. Die Hysterese tritt nur deutlich bei hohen $\hat{i}_k$ auf, wenn also die Abscheidezeit in die Nähe der Transitionszeit gelangt (Aufnahmen 5 - 8, 13 - 16).
Die Hysterese bei hohen Frequenzen dagegen ist auf die Doppelschichtkapazität zurückzuführen: Sie muß vor dem Fließen des vollen Faraday-Stromes aufgeladen werden und verzögert daher den Aufbau des Potentials, während sie sich beim Rücklauf des Stroms entlädt. Es entsteht eine Phasenverschiebung, die bei niedriger Frequenz nicht mehr beobachtbar ist.

Die Hystereseschleife besitzt einen "Fixpunkt" ($\varphi_0 \mid \bar{i}$), dessen Lage von f und Δi praktisch unabhängig ist (Bild 33c). Er entspricht dem Abscheidepunkt von Gleichstrom der Stromdichte $\bar{i}$. Bei Kurven mit ausgeprägter Hysterese bedeutet dies, daß im zeitlichen Mittel bei niedrigerem Potential abgeschieden wird als bei Gleichstrom. Dies deckt sich mit den Ergebnissen der $\bar{i}$- $\bar{\varphi}$-Kurven.

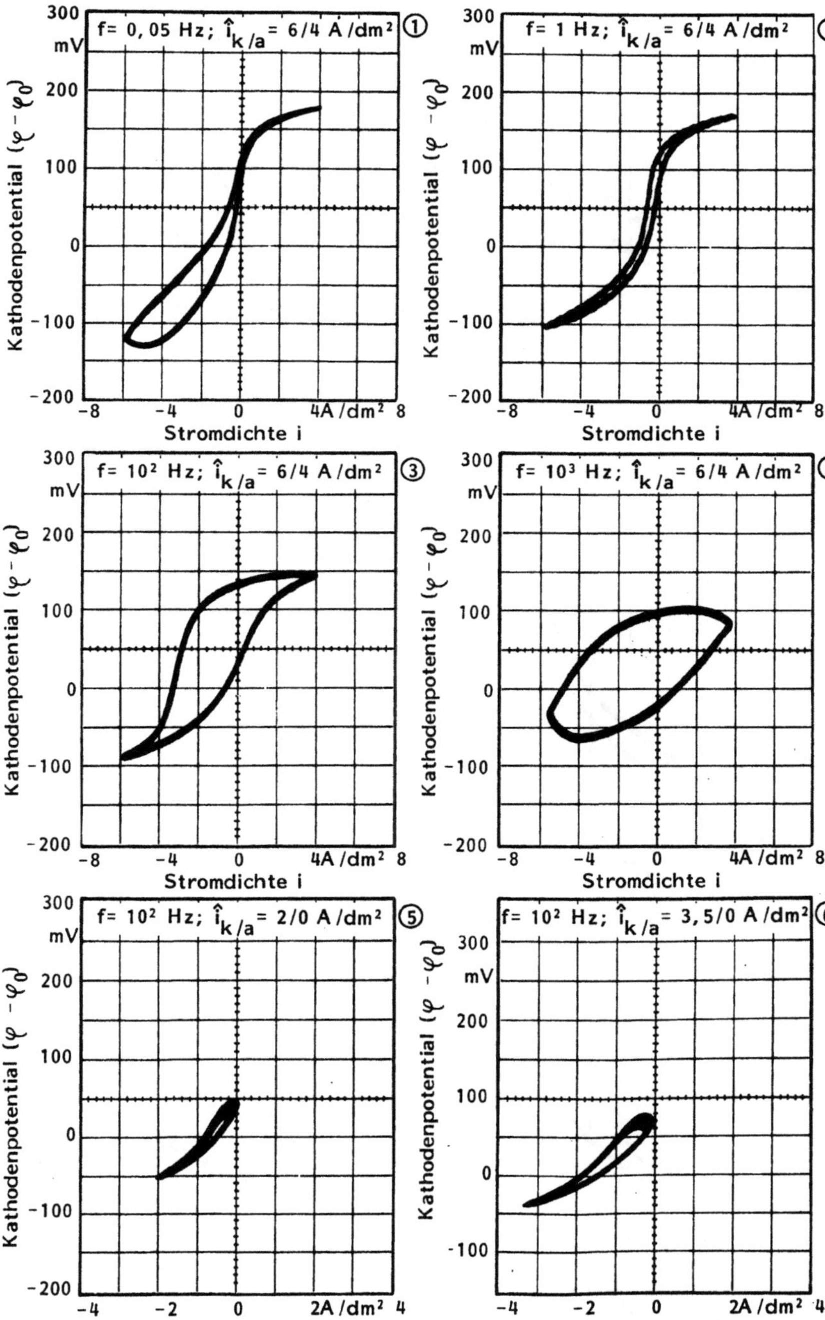

f= 0,05 Hz; $\hat{i}_{k/a}$ = 6/4 A/dm²
①
f= 1 Hz; $\hat{i}_{k/a}$ = 6/4 A/dm²
②
f= 10² Hz; $\hat{i}_{k/a}$ = 6/4 A/dm²
③
f= 10³ Hz; $\hat{i}_{k/a}$ = 6/4 A/dm²
④
f= 10² Hz; $\hat{i}_{k/a}$ = 2/0 A/dm²
⑤
f= 10² Hz; $\hat{i}_{k/a}$ = 3,5/0 A/dm²
⑥
Kathodenpotential (φ - φ0)
300 mV
200
100
0
-100
-200
Stromdichte i
-8
-4
0
4A/dm²
8
-4
-2
0
2A/dm²
4

Bild 33 a

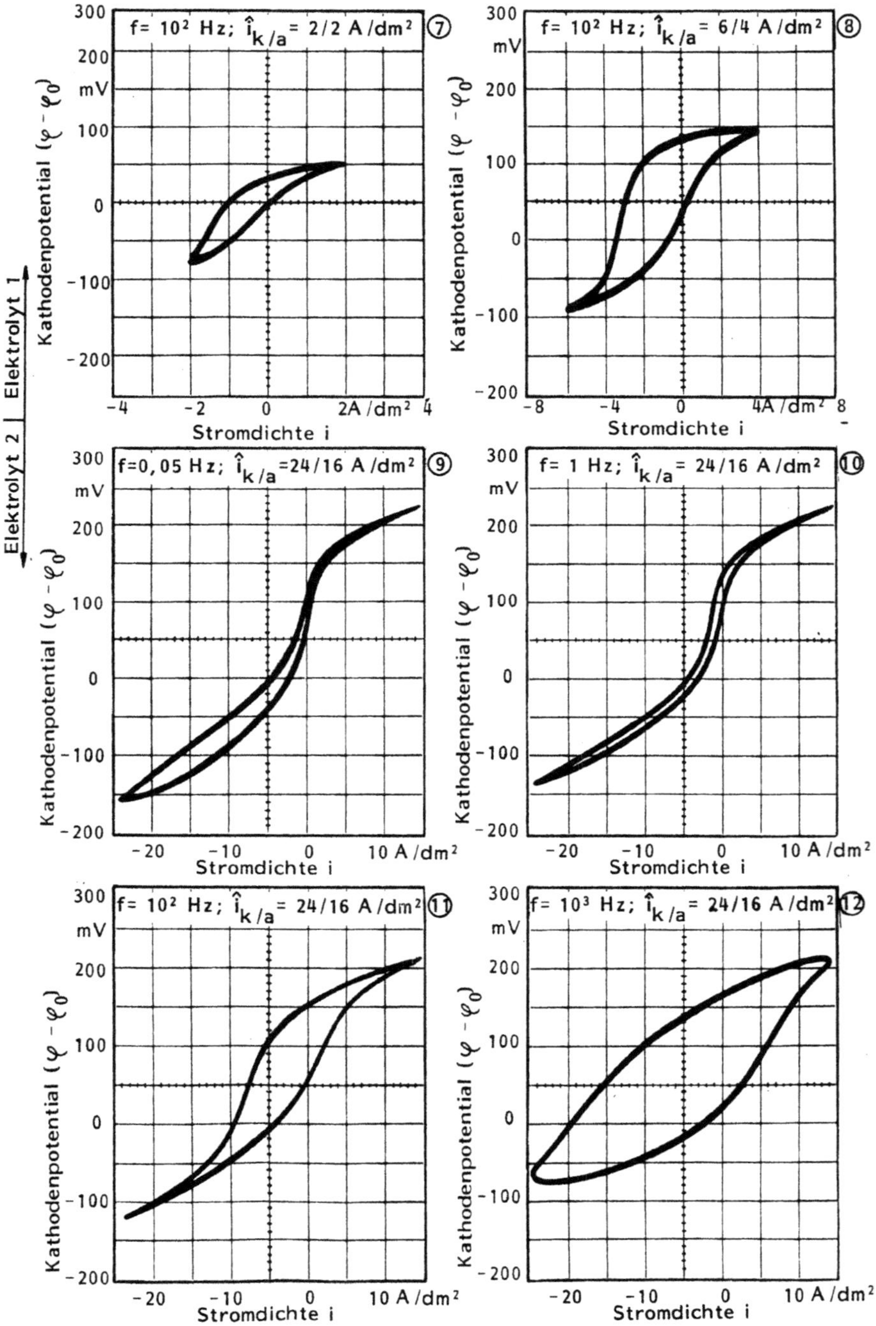
f= 10² Hz; î k/a = 2/2 A/dm² ⑦
f= 10² Hz; î k/a = 6/4 A/dm² ⑧
f=0,05 Hz; î k/a =24/16 A/dm² ⑨
f= 1 Hz; î k/a = 24/16 A/dm² ⑩
f= 10² Hz; î k/a = 24/16 A/dm² ⑪
f= 10³ Hz; î k/a = 24/16 A/dm² ⑫
Kathodenpotential (φ - φ0)
mV
Stromdichte i
A/dm²
Elektrolyt 2 | Elektrolyt 1

Bild 33 b

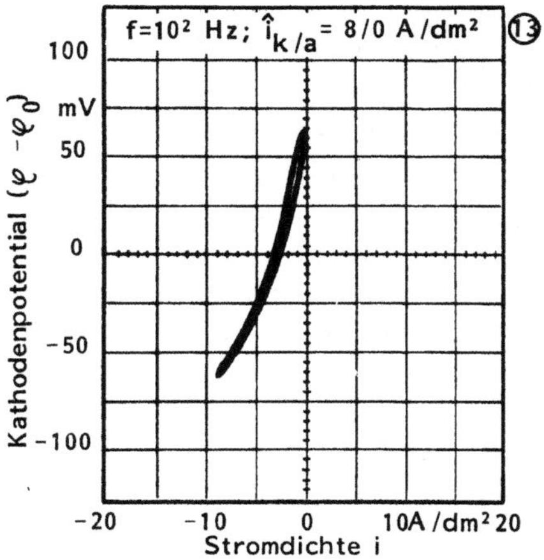

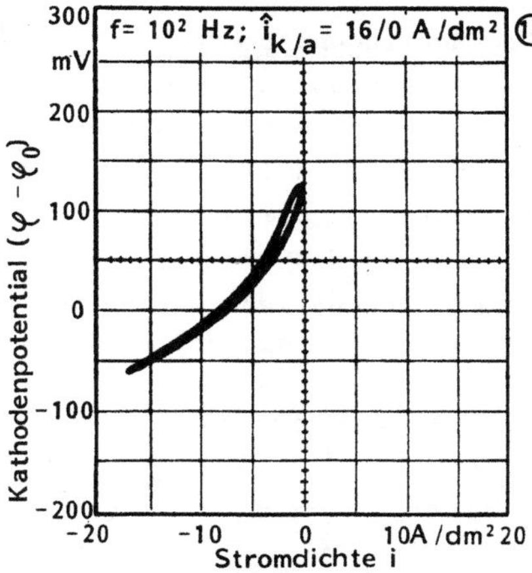

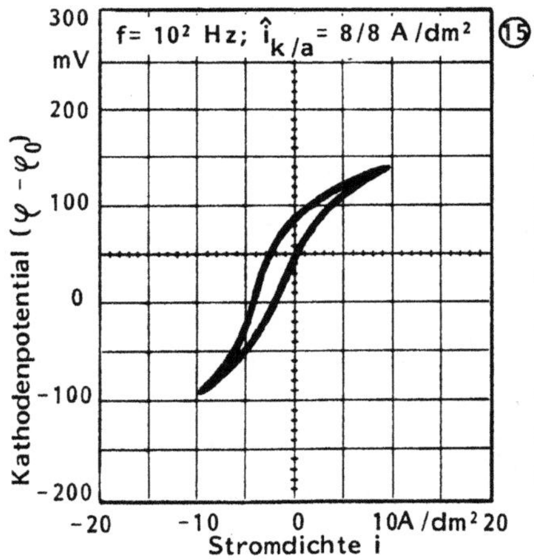

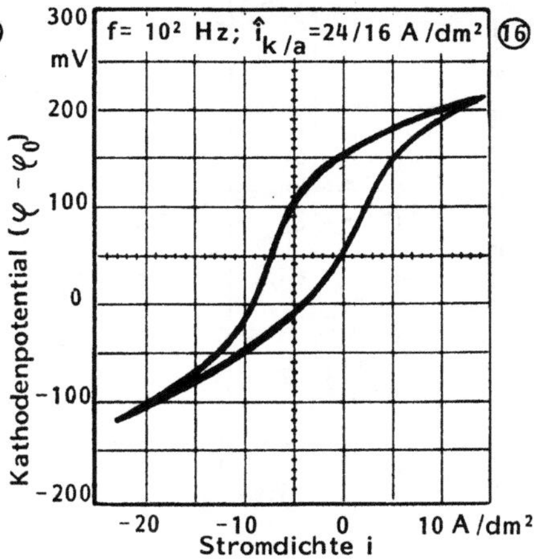

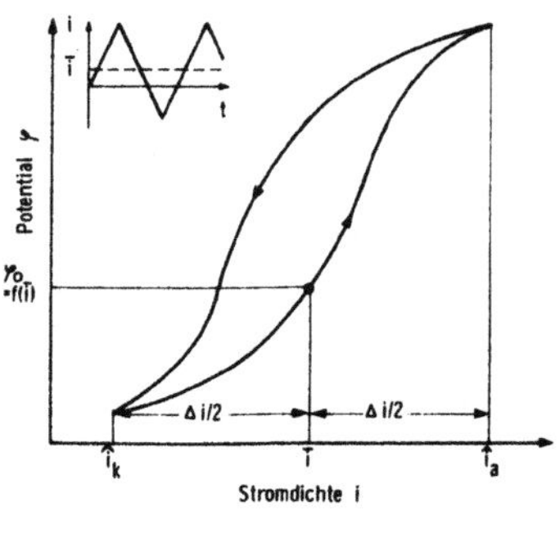

Bild 33 c:
Galvanodynamische Strom-
dichte-Potential-Kurven
① - ⑧ : Elektrolyt 1
⑨ - ⑯: Elektrolyt 2

Die Schwingungsbreite des Potentials $\Delta\varphi = \hat{\varphi}_a - \hat{\varphi}_k$ strebt bei niedrigen Frequenzen einem Maximalwert zu, der bei etwa 10^{-2} Hz erreicht wird. Bei zunehmender Frequenz nimmt $\Delta\varphi$ ab und strebt gegen Null (Bild 34). Entsprechend $\Delta\varphi$ ändern sich auch die Absolutwerte und die Relation von $\hat{\varphi}_k$ und $\hat{\varphi}_a$. Extrapoliert man die gemessenen Kurven, so ergibt sich eine "Grenzfrequenz" bei ca. 30 bis 50 kHz. Bei konstantem Δi wird also mit zunehmender Frequenz ein "gleichstromähnlicher" Potentialverlauf erreicht.

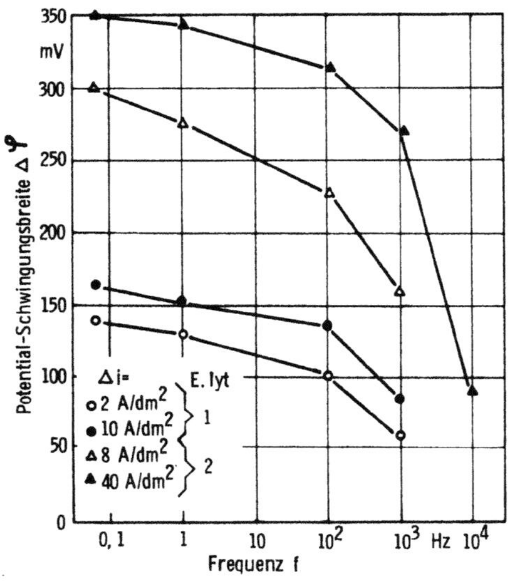

Bild 34:
Einfluß der Frequenz auf die Potentialschwankung bei instationären i-φ-Kurven

Die beiden Elektrolyte verhalten sich sehr ähnlich, sofern die Stromwerte jeweils im gleichen Verhältnis zur stationären Grenzstromdichte stehen (Bilder 33, 1 - 8 und 9 - 16). Auch dies ist ein Kriterium für die zentrale Bedeutung der Durchschnittsstromdichte für die Abscheidung. Wegen der höheren Konzentration erfolgt beim Elektrolyt 2 der Abfall von $\Delta\varphi$ etwas später /118/. Schlußfolgerung aus den Messungen ist, daß mehrere dynamische Effekte in Einklang mit der Theorie belegt werden:

- Die Wirkung der Grenzschichtkapazität im Kurzzeitbereich auf die Dämpfung des Faraday-Stroms ist nachweisbar.
- Der zeitabhängige Aufbau der Diffusionsschicht wirkt während längerer Impulse potentialerhöhend.

- Die Potentialschwankung wird mit zunehmender Frequenz geringer.
- Die untersuchten Elektrolyte zeigen qualitativ das gleiche Verhalten.

7.2.2 Einschaltvorgänge und Doppelschichtkapazität

Wegen der Aussagekraft des Kathodenpotentials zur Deutung der Abscheidevorgänge wurde in Ergänzung zu den Stromdichte-Potential-Kurven der zeitliche Verlauf des Potentials beim Anlegen galvanostatischer Rechteckimpulse aufgezeichnet. Es wurden Doppelimpulse und Impulsserien (quasi-stationär) beim Tastverhältnis 1 aufgenommen. Neben der qualitativen Auswertung wurde jeweils die Doppelschichtkapazität berechnet (vgl. Kapitel 9.4.2), um mögliche Einflüsse von dieser Seite abzuschätzen.

1. Potentialverlauf

Analog zu den obigen Betrachtungen lassen sich deutlich zwei Ursachen für die Abweichung des Potentials vom ideal rechteckförmigen Verlauf erkennen (Bilder 35 a + b). Bei niedriger Frequenz ist zunächst der diffusionsbedingte Potentialanstieg zu erkennen (Aufnahmen 1, 6, 7), der beim Überschreiten der Transitionszeit wieder auf einem etwa konstanten Niveau bleibt (Aufnahme 6). Bei zeitlicher Dehnung der Anstiegsflanke derselben Impulse (jeweils untere Aufnahme) ist ein zusätzliches Nachhinken des Potentials gegenüber dem Strom zu erkennen, das auf die Aufladung der Doppelschichtkapazität zurückzuführen ist.

Doppelimpulse und quasi-stationärer Zustand unterscheiden sich im Doppelschichtverhalten kaum, wohl aber im Diffusionsverhalten (Aufnahmen 5 und 6). Während der Doppelimpulse ist die Ionenkonzentration vor der Kathode noch so groß, daß die vorgegebene Stromdichte durch einen nur geringen Potentialsprung erreicht wird. Eine zusätzliche anodische Phase bringt keine qualitative Änderung, solange T_k konstant ist (Aufnahmen 3 und 4). Auch hier unterscheiden sich die beiden Elektrolyte nur unwesentlich (Aufnahme 7). Zusätzliche Versuche mit $T^* \neq 1$ brachten keine weiteren Erkenntnisse.

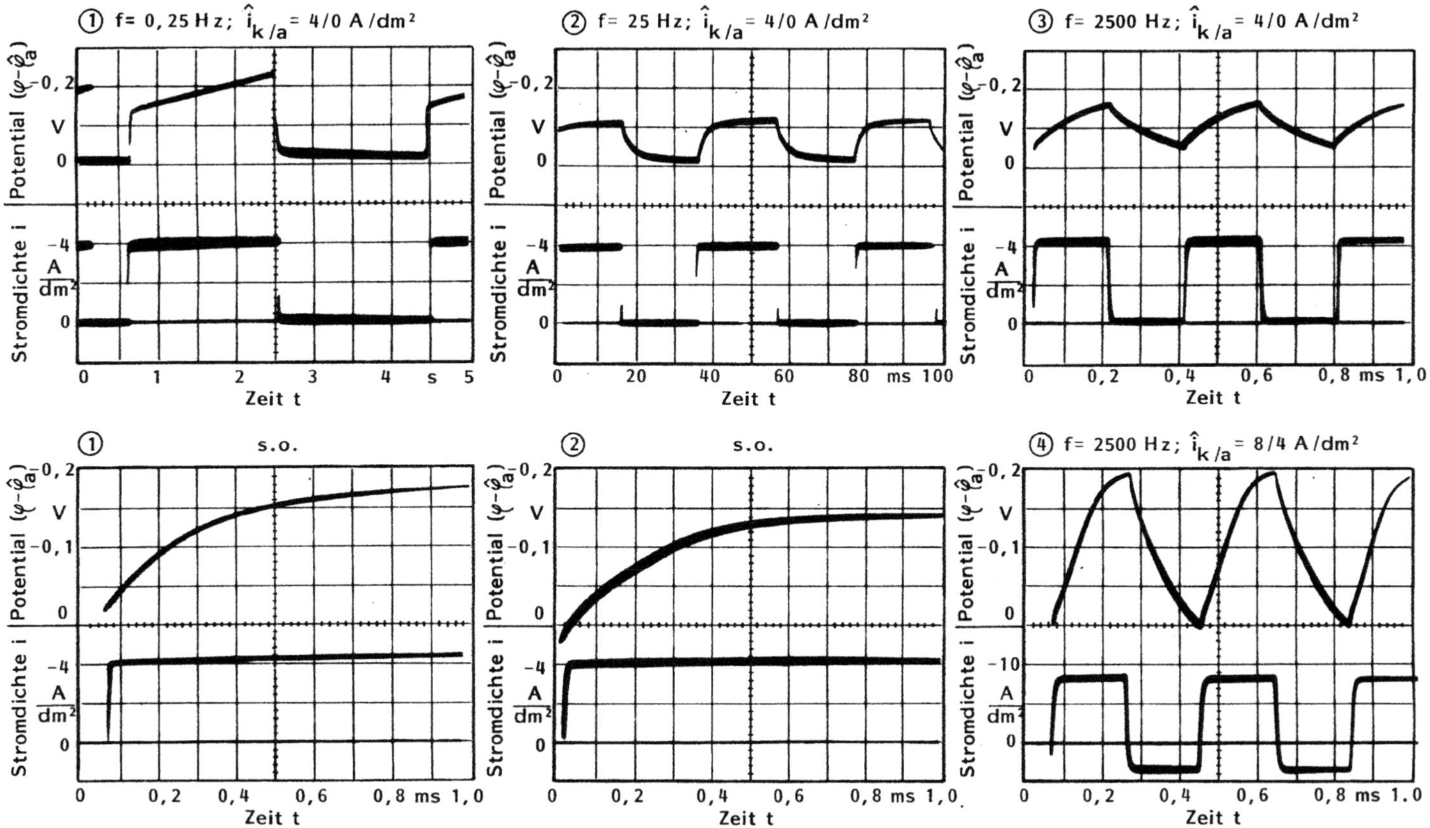

Bild 35a: Oszillographische Aufnahmen typischer Impulsverläufe

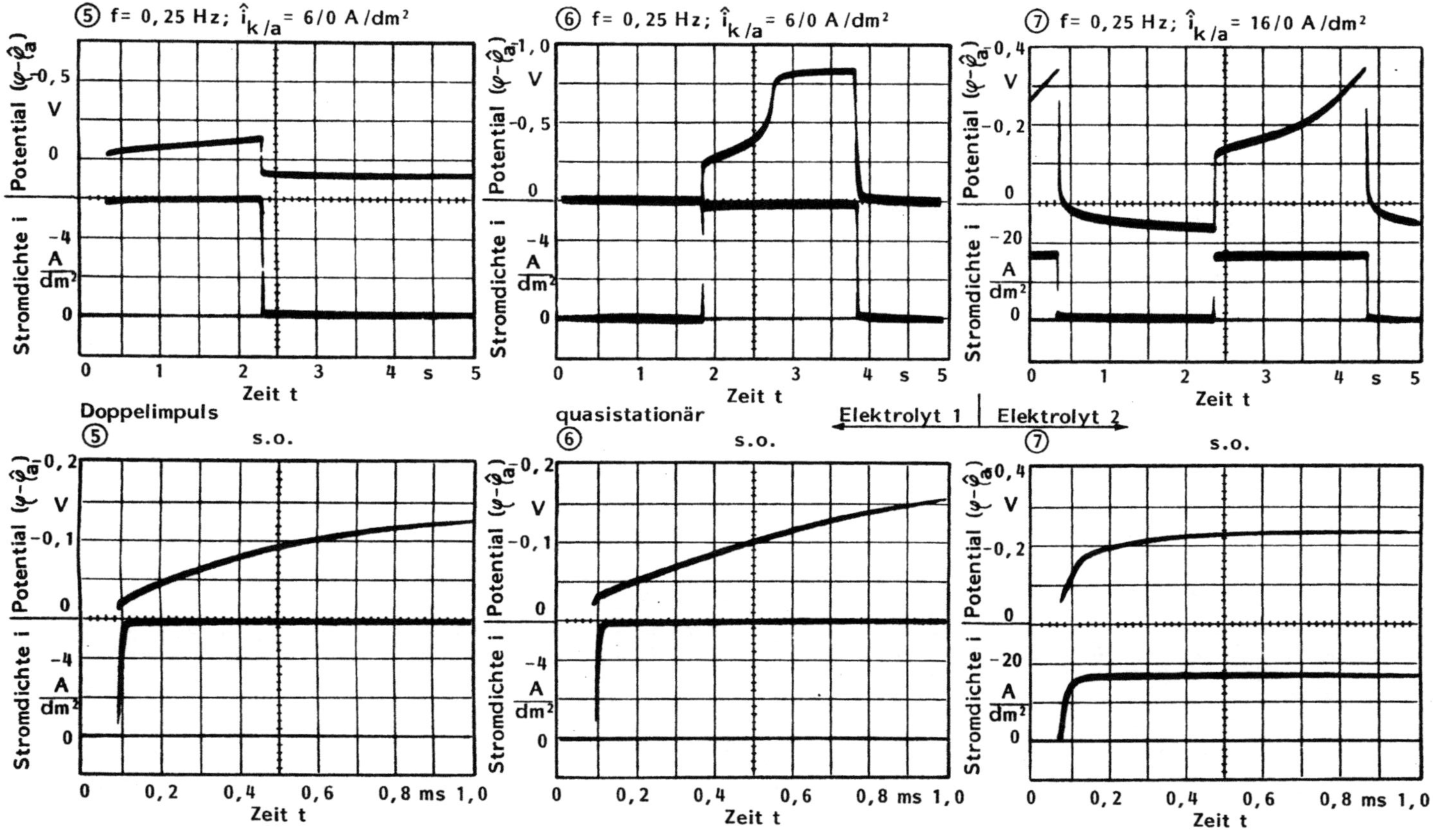
⑤ f= 0,25 Hz; $\hat{i}_{k/a}$ = 6/0 A/dm²
⑥ f= 0,25 Hz; $\hat{i}_{k/a}$ = 6/0 A/dm²
⑦ f= 0,25 Hz; $\hat{i}_{k/a}$ = 16/0 A/dm²
Potential $(\varphi-\hat{\varphi}_a)$
V
Stromdichte i
A/dm²
Zeit t
s
Doppelimpuls
quasistationär
Elektrolyt 1
Elektrolyt 2
s.o.
ms

Bild 35b

2. Doppelschichtkapazität

Die Kapazitätsberechnung bereitet dort Probleme, wo Kapazitäts- und Diffusionseinflüsse einander überlagern (Aufnahme 4). Dies ist dann der Fall, wenn infolge von hohem $\hat{i}_k$ die Transitionszeit sehr klein wird. Der Kurvenverlauf ist dann kaum mehr interpretierbar; formal betrachtet versagt hier das elektrische Ersatzschaltbild (Bild 31), da mit ihm der auftretende Kurvenverlauf nicht gedeutet werden kann.
Ein Zusammenhang zwischen Stromparametern und Kapazitätswerten ist nicht zu erkennen. Die Werte schwanken anscheinend regellos für beide Elektrolyte zwischen ca. 40 und 80 $\mu F/cm^2$. Die Werte für die Doppelimpulse liegen zwischen 50 und 65 $\mu F/cm^2$, was sich gut mit entsprechenden Literaturwerten deckt. Falls überhaupt ein Zusammenhang zwischen Stromform und Kapazität besteht, wird dieser vermutlich durch die Meß- und Interpretationsfehler überdeckt.

Folgende Schlußfolgerungen sind aus den Versuchen zu ziehen:

- Bei niedrigen Frequenzen bestimmt überwiegend die Diffusion die Abscheidung.
- Bei hohen Frequenzen (> 1 kHz) wird die kapazitive Dämpfung des Faraday-Stroms erheblich; bei hohen $\hat{i}_k$ kann sie sich mit Diffusionseinflüssen überlagern.
- Eine anodische Phase beeinflußt den kathodischen Potentialverlauf kaum, solange $\bar{i}$ und T_k konstant sind.
- Die Grenzschichtkapazität steht in keinem erkennbaren Zusammenhang mit den Stromparametern und ist daher kein Kriterium für Stromeffekte.

7.2.3 Aufbau der Diffusionsgrenzschicht

Der von vielen Autoren behaupteten großen Bedeutung der Diffusionsvorgänge für die Wirkung von moduliertem Strom wurde durch "unmittelbares" Betrachten der Diffusionsgrenzschicht mit Hilfe der holographischen Interferometrie nachgegangen. Die Auswertung der interferometrischen Aufnahmen (Bild 36), die qualitativ den Konzentrationsverlauf der Kupferionen wiedergeben (vgl. Kap. 9.4.3), ergab, daß dieser Verlauf nur in wenigen Fällen

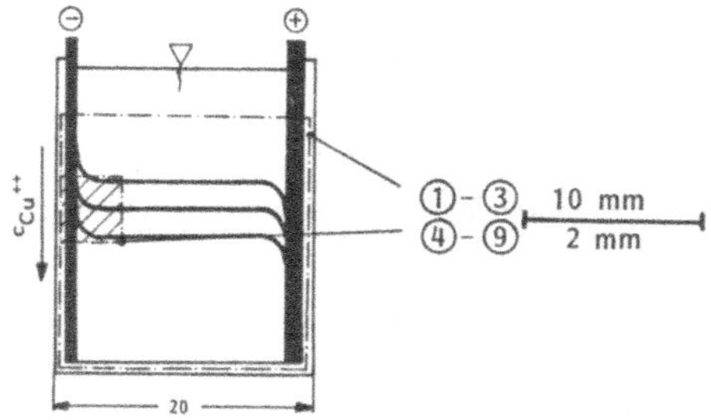

Bild 36:
Interferometrische Aufnahmen der Elektrodengrenzschichten

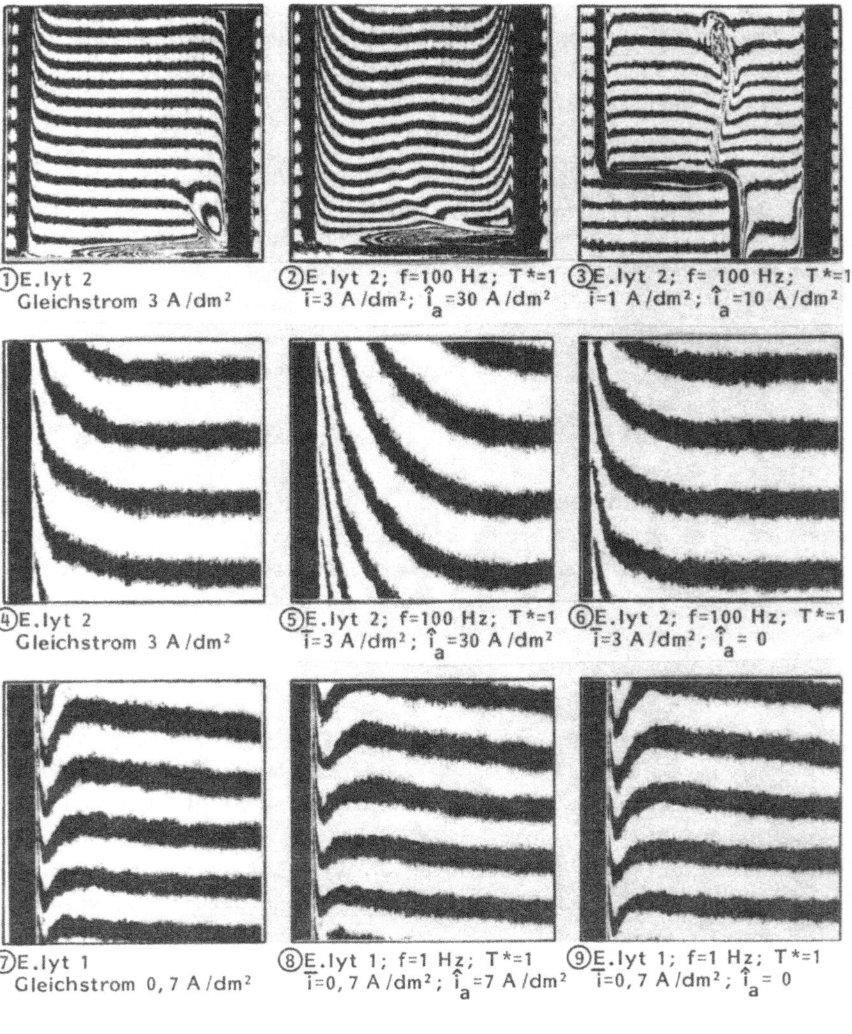

① E.lyt 2
Gleichstrom 3 A/dm²

② E.lyt 2; f=100 Hz; T*=1
$\bar{i}$=3 A/dm²; $\hat{i}_a$=30 A/dm²

③ E.lyt 2; f= 100 Hz; T*=1
$\bar{i}$=1 A/dm²; $\hat{i}_a$=10 A/dm²

④ E.lyt 2
Gleichstrom 3 A/dm²

⑤ E.lyt 2; f=100 Hz; T*=1
$\bar{i}$=3 A/dm²; $\hat{i}_a$=30 A/dm²

⑥ E.lyt 2; f=100 Hz; T*=1
$\bar{i}$=3 A/dm²; $\hat{i}_a$= 0

⑦ E.lyt 1
Gleichstrom 0,7 A/dm²

⑧ E.lyt 1; f=1 Hz; T*=1
$\bar{i}$=0,7 A/dm²; $\hat{i}_a$=7 A/dm²

⑨ E.lyt 1; f=1 Hz; T*=1
$\bar{i}$=0,7 A/dm²; $\hat{i}_a$= 0

dem theoretisch zu erwartenden Verlauf entspricht (Aufnahmen 1, 4, 6). Häufig finden sich Konzentrationsextrema vor der eigentlichen kathodischen oder anodischen Diffusionszone, die Ibl /148/ als tatsächliche Überkonzentration infolge der natürlichen Konvektion beschreibt (Aufnahmen 2, 4, 7 - 9). Dieser Effekt kann so stark sein, daß die eigentliche Diffusionsschicht praktisch nicht mehr zu beobachten ist. Besonders stark ist die Konvektion bei bipolarem Strom infolge der stärkeren Erwärmung. Sie spielt sich beim Elektrolyt 1 in einer eng begrenzten Zone ab (Aufnahmen 7 - 9), beim Elektrolyt 2 häufig fast über die gesamte Zellenlänge (Aufnahmen 2 und 5). Deutlich ist auch die vertikale Schichtung des Elektrolyten infolge der natürlichen Konvektion zu erkennen (Aufnahmen 1 - 3)/149/.
Der Aufbau von Diffusions- und Konvektionsschicht bis zum annähernd stationären Zustand benötigt etwa 1 Minute. Diese Trägheit macht verständlich, daß im untersuchten Frequenzbereich ($>$ 0,1 Hz) kein wesentlicher Unterschied in der Diffusionsschicht zwischen Gleichstrom und moduliertem Strom festzustellen ist. Ein denkbares Pulsieren der Konzentrationslinien wurde nicht beobachtet. Dies bestätigt Berechnungen von Popov /60/, nach denen für höhere Frequenzen eine konstante Oberflächenkonzentration zu erwarten ist. Die Aussage muß allerdings insofern eingeschränkt werden, als unter den gegebenen Arbeitsbedingungen (hohe Elektrolytkonzentration, hohe Stromdichte, starker Konvektionseinfluß) ein sehr steiles Konzentrationsgefälle auftritt, das die Beobachtung erschwert. Es ist nicht auszuschließen, daß mit stärkerer Vergrößerung und unter idealisierten Arbeitsbedingungen in unmittelbarer Kathodennähe Unterschiede zu Gleichstrom feststellbar sind.

Quantitative Aussagen sind in Anbetracht dieser Beobachtungsprobleme mit Vorbehalt zu machen. Mit zunehmendem $\bar{i}$ und $\hat{i}_a$ ist eine Tendenz zur Reduzierung der Diffusionsschicht zu erkennen. Der Elektrolyt 2 zeigt eine deutlich dickere Diffusionsschicht. Ohne Fehlerkorrektur für Strahlablenkung u. a. /150/ ergaben sich in mittlerer Kathodenhöhe Diffusionsschichtdicken zwischen 0,25 und 0,6 mm (Elektrolyt 1; Durchschnitt ca. 0,4 mm) bzw. 0,45 und 0,7 mm (Elektrolyt 2; Durchschnitt ca. 0,6 mm). Dies stimmt in der Größenordung mit den Literaturangaben überein.

Als Schlußfolgerung aus den Untersuchungen kann festgestellt werden, daß unter den betrachteten realitätsnahen Arbeitsbedingungen die Diffusionsschicht zumindest überwiegend stationär ist. Gravierende Unterschiede, abgesehen von der Wärmekonvektion bei Umpolströmen, sind zwischen verschiedenen Stromformen nicht vorhanden, durchaus jedoch im Vergleich der beiden Elektrolyte. Es ist daher anzunehmen, daß die Effekte von moduliertem Strom im untersuchten Anwendungsfall nur zum kleinen Teil auf veränderten Stofftransport oder Oberflächenkonzentration zurückzuführen sind. Eine Erklärung für die Unterschiede zwischen beiden Elektrolyten hinsichtlich Aufrauhung in Grenzstromnähe kann jedoch durchaus in diesem Bereich vermutet werden (vgl. Kapitel 7.1.2).

7.2.4 Kristallisationsuntersuchungen

Wegen der vermuteten Bedeutung der Keimbildungsvorgänge besonders am Impulsbeginn wurde die Kristallisation in der Bedekkungsphase des Substrats untersucht, wo sie besonders gut beobachtbar ist.
In den verschiedenen Bedeckungsstadien nach 10, 30 und 180 s lassen sich - obwohl selten in Reinform - 4 Kristallisationsformen unterscheiden, die Aussagen über Keimbildung und -wachstum zulassen (Bild 37).

Typ A: kuglige kleine Einzelkristalle unterschiedlicher Anzahl und Verteilung, charakteristischer Durchmesser ≤ 2 µm;

Typ B: kuglige Einzelkristalle in relativ geringer Anzahl, charakteristischer Durchmesser 5 - 15 µm;

Typ C: feinkörnige Inselstrukturen mit ca. 20 - 40 µm Durchmesser;

Typ D: großflächige feinkörnige Bedeckung, häufig nach Substratstruktur orientiert.

Offensichtlich ist Typ A das Ausgangsstadium für die anderen Formen, die durch ein unterschiedliches Verhältnis von Keimbildung und -wachstum, abhängig von der Stromform, entstehen. Das für dickere Schichten oft charakteristische feldorientierte

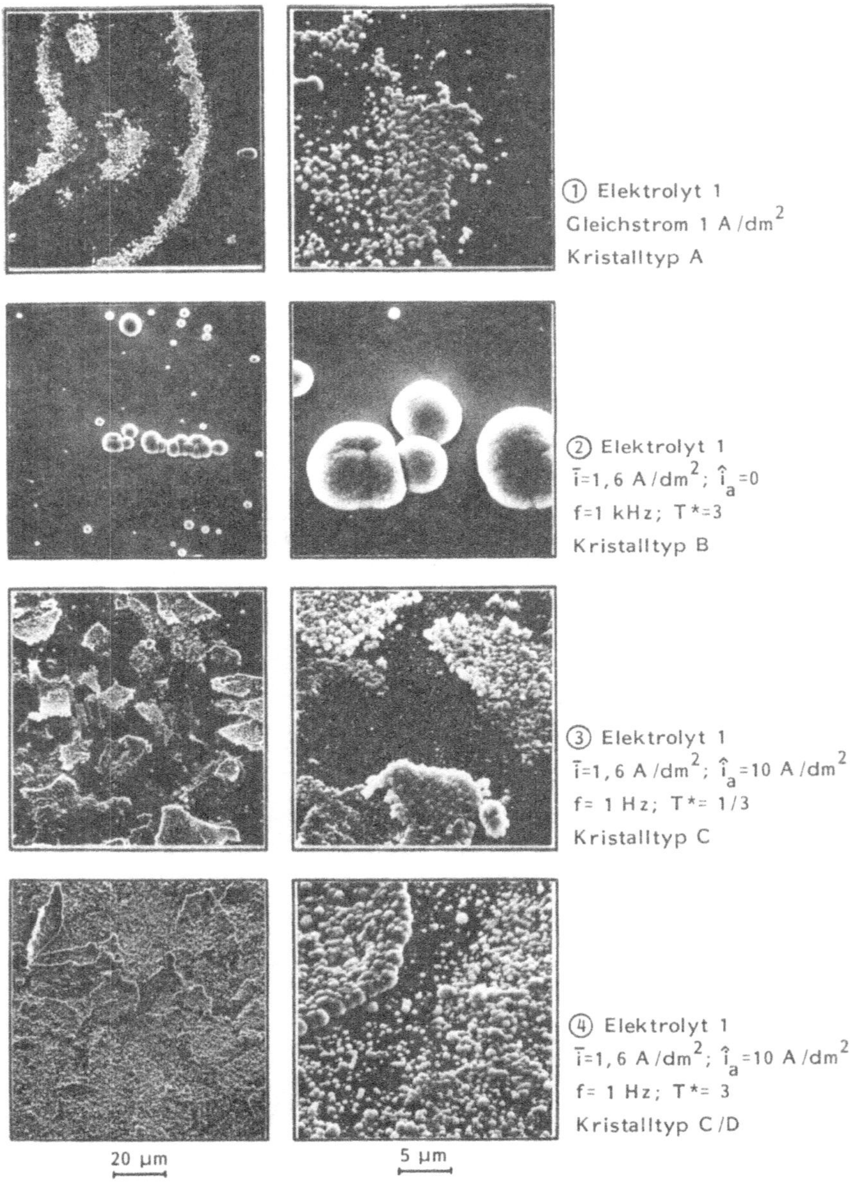

Bild 37: Kristallisationsformen beim Abscheiden auf Edelstahl nach 30 s

Wachstum setzt offensichtlich erst zu einem späteren Zeitpunkt ein. Die räumliche Verteilung der Keime folgt häufig der Oberflächentopographie; an Erhöhungen tritt verstärkte Keimbildung auf.
Bei gleicher Abscheidedauer erscheinen die Schichten mit zahlreichen kleinen Keimen (Typ C und D) visuell wesentlich stärker kupferfarben als solche des Typs B. Da hohe Keimbildungsrate und Bedeckung praktisch bedeutungsgleich sind, kann die Oberflächenfärbung als Maß für die Bedeckung gewertet werden. Wieweit unterschiedliche Stromausbeute Ursache für die Färbungsunterschiede sein kann, kann in Anbetracht der winzigen Metallmengen nicht beantwortet werden.

Zum Einfluß der Stromform läßt sich feststellen, daß mit moduliertem Strom eine bessere Bedeckung durch zahlreichere und kleinere Keime erzielt werden kann als mit Gleichstrom (Bild 37, 1 u. 4). Bessere Bedeckung wird erreicht durch

- steigendes $\hat{i}_a$ in starkem Maß, möglicherweise durch Oberflächenaktivierung; $\hat{i}_k$ wirkt in dieselbe Richtung;
- abnehmendes T^* (ohne Wiedergabe im Bild).

Zunehmendes $\bar{i}$ erzeugt größere Kristalle, während f erstaunlicherweise keine Wirkung zeigt. Die Frequenz scheint sich erst auf das Wachstum dicker Schichten bei vollständiger Bedeckung auszuwirken. Diese Aussagen gelten für beide Elektrolyte.

Die Schlußfolgerung aus diesen Ergebnissen ist, daß die theoretischen Erwartungen über eine verstärkte Keimbildung durch Strommodulation bestätigt wurden. Vor allem großes Δi und kleines T^* verbessern Keimbildung und Bedeckung. Dies steht auch im Einklang mit entsprechenden Grundlagenarbeiten /151, 152/.

7.3 Zusammenfassende Deutung der Ergebnisse

Zum Zweck einer Gesamtinterpretation werden in Kapitel 7.3.1 die Wirkungen von moduliertem Strom auf die untersuchten Schichteigenschaften schematisch zusammengefaßt. In Kapitel 7.3.2 werden die Ergebnisse im einzelnen anhand der angestellten Grundlagenbetrachtung erklärt. In Kapitel 7.3.3 schließlich wird versucht, anhand vereinfachter Betrachtungsweisen die Erscheinungen zu veranschaulichen und zu verallgemeinern.

7.3.1 Wirkungsschema

Allgemein läßt sich feststellen, daß durch Strommodulation ein wesentlich breiteres Spektrum von Schichteigenschaften erzeugt werden kann, als dies mit Gleichstrom möglich ist. Diese Eigenschaften können - immer im Vergleich zu Gleichstromschichten - zur günstigen oder ungünstigen Seite oder nach beiden Richtungen verschoben sein. Pauschalaussagen sind daher selten möglich.

Die vielfältigen Wirkungen einer Veränderung der Form des Abscheidestroms lassen sich anhand eines "Wirkungsschemas" überblicken (Bilder 38 und 39). In halb-quantitativer Form ist hier der Einfluß der einzelnen Stromparameter auf die Schichteigenschaften dargestellt. Die einzelnen Diagramme geben schematisch die Durchschnittswirkung des jeweiligen Parameters im untersuchten Bereich wieder ohne Berücksichtigung von Wechselwirkungen.
Man erkennt deutlich, daß eine bestimmte Parameteränderung gewisse Schichteigenschaften verbessern und gleichzeitig andere verschlechtern kann. Schon innerhalb des relativ schmalen Spektrums untersuchter Eigenschaften können nie sämtliche Eigenschaften zusammen verbessert werden.
Für jeden praktischen Anwendungsfall wird daher eine Optimierungsaufgabe zu lösen sein, bei der die Wertigkeit der Schichteigenschaften für die vorgesehene Anwendung ausschlaggebend ist.
Der Vergleich der beiden Elektrolyte zeigt ihre enge Verwandtschaft, aber auch Abweichungen, auf die im nächsten Abschnitt näher eingegangen wird.

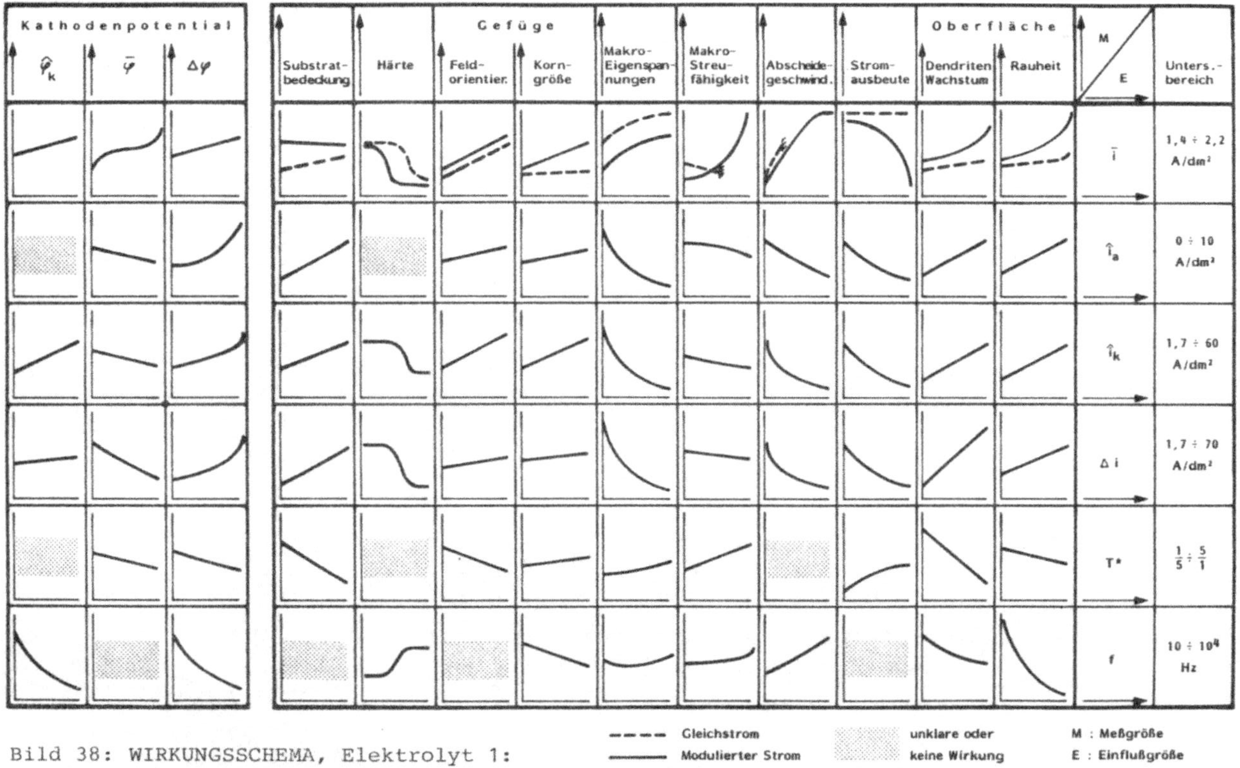

Bild 38: WIRKUNGSSCHEMA, Elektrolyt 1: Einfluß der Stromparameter auf die Kupferabscheidung

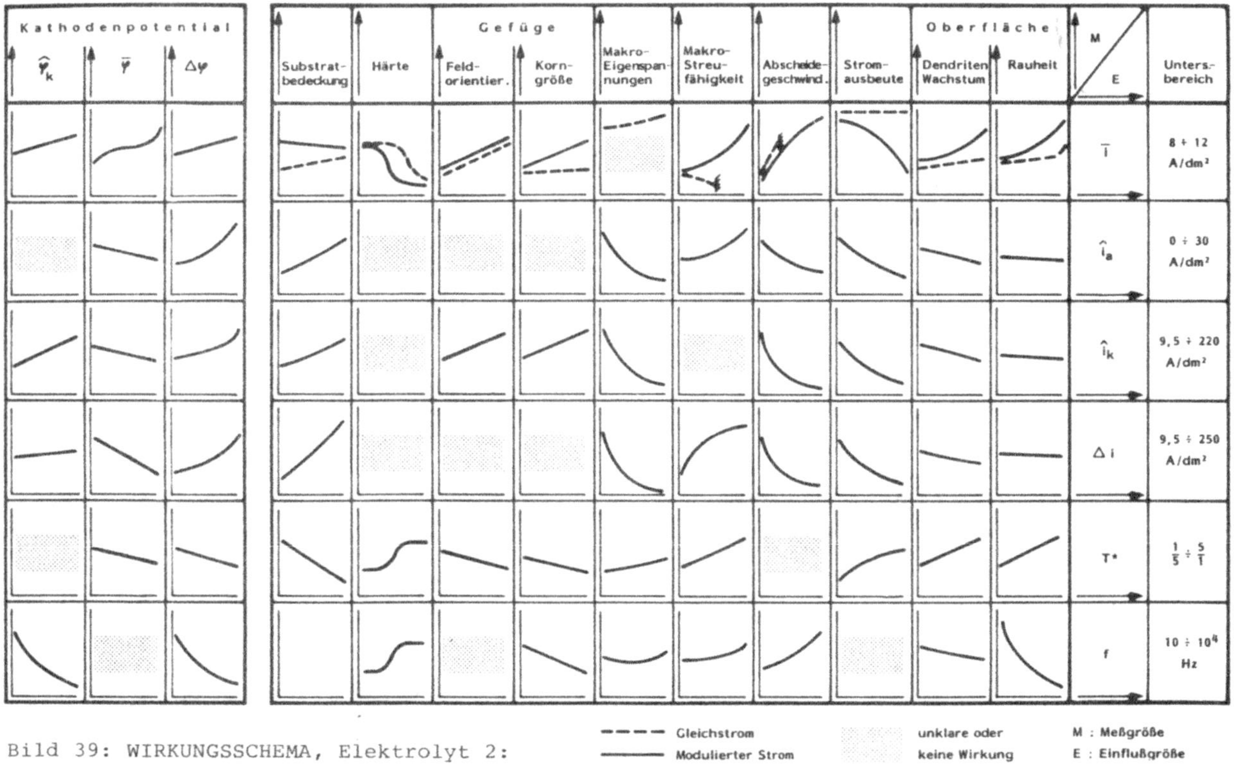

Bild 39: WIRKUNGSSCHEMA, Elektrolyt 2: Einfluß der Stromparameter auf die Kupferabscheidung

Neben diesem praktischen Zweck des Wirkungsschemas - die Auswirkung einer Stromformänderung einschätzen zu helfen - bietet sich noch eine zweite Anwendung an, nämlich Zusammenhänge verschiedener Schichteigenschaften untereinander und zusätzlich mit anderen elektrochemischen Meßgrößen aufzuzeigen. Daher ist zusätzlich die Wirkung der Parameter auf die Potentialwerte $\Delta\varphi$, $\bar{\varphi}$, und $\hat{\varphi}_k$ eingetragen.
Eine nähere Betrachtung zeigt, daß in einigen Bereichen recht deutliche Korrelationen vorhanden sind (insbesondere $\Delta\varphi$ und $\hat{\varphi}_k$ mit Gefüge- und Oberflächenstruktur, diese wiederum mit Härte und Eigenspannungen). So klar, daß man daraus auf eine echte Kausalität schließen könnte, sind die Zusammenhänge jedoch nicht. Immerhin ist ein starker Einfluß des Potentials auf die Kristallisationsvorgänge offensichtlich. Das Durchschnittspotential $\bar{\varphi}$ hingegen ergibt keine plausible Aussage; das erstaunt weniger, wenn man sich vergegenwärtigt, daß bei diesem Potential tatsächlich überhaupt keine Abscheidung stattfindet. Akzeptiert man die These, daß $\bar{\varphi}$ ein Kriterium für den Zustand der Diffusionsschicht ist, so wird damit die oben geäußerte Vermutung untermauert, daß der Stofftransport für die sauren Kupferelektrolyte weniger ausschlaggebend ist. Der Effekt der kapazitiven Dämpfung läßt sich bei etwa konstanten Kapazitätswerten im Schema nicht sinnvoll darstellen.

7.3.2 Beeinflussung der technologischen Schichteigenschaften

Nachfolgend wird zusammengestellt, aufbauend auf Kapitel 7.1 und 7.2, mit welchen Effekten der Einfluß modulierten Stromes auf die Schichteigenschaften erklärt werden kann.

1. Gefügestruktur

Die Gefügestruktur ist praktisch ausschließlich durch die Kristallisation bestimmt. Ausschlaggebend ist das Abscheidepotential $\hat{\varphi}_k$ und damit $\hat{i}_k$, welche die Kristallisationsvorgänge bestimmen, sowie alle Faktoren, die sie indirekt erhöhen (zum Beispiel kleines T^*).

- Hohes $\hat{\varphi}_k$ bzw. $\hat{i}_k$ fördern die Keimbildung am Impulsbeginn. In dieselbe Richtung wirkt hohes $\hat{i}_a$, und zwar indirekt durch Erhöhen von $\hat{i}_k$ bei konstantem $\bar{i}$, sowie unter Umständen direkt durch Erhöhen der Oberflächenkonzentration und Oberflächenaktivierung.

- Hohes $\hat{\varphi}_k$ ruft gleichzeitig stark feldorientiertes Wachstum hervor.
- Steigerung von $\bar{i}$ und niedriges f bewirken verstärktes Kristallwachstum und damit Grobkörnigkeit.
- Bei hohem f wird das Kristallwachstum häufig unterbrochen und die Keimbildung am Impulsbeginn gefördert. Die Oberflächendiffusion kann unter Umständen zu langsam sein für einen geordneten Gittereinbau der Ad-Atome. Beides erzeugt Feinkörnigkeit.

2. Oberflächentopographie

Die Oberflächengestalt wird in erster Linie durch Kristallisation und Stofftransport (Mikro-Streufähigkeit) bestimmt. Bei profilierten Werkstücken kann zusätzlich die Stromverteilung eine erhebliche Rolle spielen, im Extremfall auch die Abschirmung durch Dendritenwachstum, das seinerseits wieder als Aufrauhungseffekt verstanden werden kann (Bild 40). Ausschlaggebende Stromparameter sind $\hat{i}_k$, $\hat{i}_a$ (damit Δi) und f.

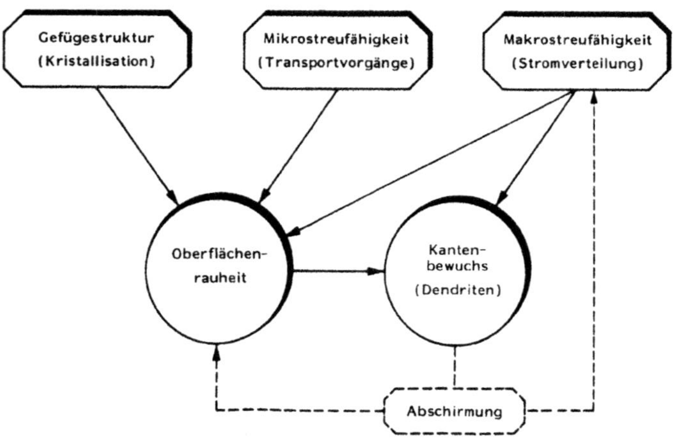

Bild 40: Einflüsse auf die Oberflächentopographie

- Die Wirkung von moduliertem Strom auf die Elektrokristallisation ist oben beschrieben. Indizien für ihre Bedeutung sind die Korrelation von Rauheit und Gefüge im Wirkungsschema sowie der beobachtete Einfluß von $\hat{U}_k$ auf die Rauheit (Kapitel 6.3.1).

- Der Einfluß einer veränderten Diffusionsschichtdicke war in der direkten Beobachtung nicht ausreichend zu erkennen. Trotzdem sind die Frequenzabhängigkeit /62/, die Gegenläufigkeit von Makro-Streufähigkeit und Rauheit im Wirkungsschema sowie die Änderung des Durchschnittspotentials in den Stromdichte-Potential-Kurven Hinweise auf die Existenz dieses Effektes.

- Die Konvektions- und damit die Diffusionsschichtdicke kann durch zusätzliche Wärmekonvektion bei großem $\hat{i}_a$ verringert werden.

- Eine anodische Phase kann zusätzlich einen ungleichmäßigen Schichtabtrag hervorrufen, der zwar nicht poliert, aber zu Beginn des anodischen Impulses der primären Stromverteilung folgen, also Profilspitzen bevorzugt abtragen müßte.

3. Dendritenbildung

Dendritenbildung ist im Prinzip ein Extremfall der Oberflächenaufrauhung. Sie wird in der Literatur überwiegend als Stofftransportphänomen behandelt, der eigentliche Entstehungsprozeß ist jedoch kristallisationsbedingt. Vor allem das erhöhte $\hat{\varphi}_k$ und das Überwiegen der Aktivierungskontrolle fördern das Dendritenwachstum.

- Die Dendritenentstehung ist primär potentialabhängig. Dendriten entstehen bei Gleichstrom im Bereich des Grenzstromplateaus, also bei hohen $\hat{\varphi}_k$ bzw. $\hat{i}_k$. Weitere Potentialerhöhung ruft Pulverbildung hervor /153 - 155/.

- Voraussetzung für Dendritenbildung sind Oberflächenspitzen oder pyramidale Kristalle mit kleinem Spitzenradius /154/. Letzteres ist bei hohem $\hat{i}_k$ gegeben, da hohes Potential die Kristallgröße herabsetzt /123/.

- Besonders bei überwiegender Aktivierungskontrolle entwachsen die Kristalle der Diffusionsschicht; die Spitzen gelangen unter den Einfluß der sphärischen Diffusion, die erheblich höhere Stromdichten ermöglicht. Damit wird bevorzugt auf den Dendritenspitzen abgeschieden /118, 154, 156/.
- Das Wachstum wird begünstigt durch erhöhte Temperatur und bestimmte Elektrolytzusätze /118/. Die Temperaturerhöhung an der Oberfläche um einige Kelvin bei hohem Δi wurde im Experiment nachgewiesen.

Summarisch ist festzustellen, daß die Abscheidebedingungen bei moduliertem Strom in jeder Hinsicht die Dendritenbildung fördern.

4. Stromausbeute

Für das beobachtete Absinken der Stromausbeute η bieten sich mehrere Erklärungen an:

- Eine prinzipiell mögliche Abscheidung jenseits der Grenzstromdichte war bei den Versuchen in der Regel nicht gegeben, wie der Potentialverlauf der Impulse zeigte.
- Die naheliegende Erklärung durch Blindströme, die infolge der Doppelschichtkapazität entstehen, ist bei näherer Betrachtung nicht haltbar /103, 105/. Die dabei unterstellte Analogie zur Wirkleistungsberechnung in der konventionellen Elektrotechnik trifft nicht zu, da die kapazitive Stromdämpfung lediglich zur Verschiebung eines Teils der Abscheidung in die anodische Phase durch Entladen der Doppelschicht führt.
- Als einzige schlüssige Erklärung bleibt damit die von Cheh durch die Disproportionierung der Cu^{+}-Ionen /61, 103/: Am Impulsbeginn überwiegt der Entladeschritt $Cu^{2+} \rightarrow Cu^{+}$, wodurch eine Anreicherung an Cu^{+}-Ionen entsteht. Diese erfahren in der Ruhezeit eine Disproportionierung in Cu und Cu^{2+}. Das kolloidal in der Lösung anfallene Cu^{0} steht nicht zur Abscheidung zur Verfügung, was sich im Absinken der Stromausbeute äußert.

5. Abscheidegeschwindigkeit

Bei Vernachlässigung von Geomtrieeinflüssen wird die Abscheidegeschwindigkeit durch $\bar{i}$ und η bestimmt (Bild 6, S.27).

- Aus grundsätzlichen Erwägungen kann $\bar{i}$ die Grenzstromdichte i_G nicht überschreiten (Abschnitt 7.1.2)
- Die Aufrauhung in Grenzstromnähe bewirkt eine scheinbare Erhöhung von $\bar{i}_G$, bezogen auf die Makro-Oberfläche der Kathode. Die Schicht wird rauher, aber nicht pulvrig wie bei Gleichstrom; beim gleichen Absolutstrom nahe i_G werden qualitativ bessere Schichten abgeschieden.
- Die scheinbare $\bar{i}_G$-Steigerung überwiegt das Absinken von η im selben Bereich, es ist eine höhere Abscheidegeschwindigkeit möglich.

6. Makro-Streufähigkeit

Die Streufähigkeit ist eine recht komplexe Eigenschaft, die im wesentlichen durch die Elektrolytleitfähigkeit und die beteiligten Polarisationsarten bestimmt wird /134, 157/.

- Theoretisch und experimentell wurde nachgewiesen, daß für Impulsströme infolge des erhöhten Aktivierungspotentials die Streufähigkeit gegenüber Gleichstrom abnimmt /134, 141/. Dies deckt sich lediglich mit den Meßergebnissen für den Elektrolyt 1 bei niedrigem $\bar{i}$. Zwei Gründe sind für die Abweichungen zu erkennen: Erstens wurden in der vorliegenden Arbeit konzentriertere Elektrolyte verwendet. Zweitens wurde näher bei i_G abgeschieden, wo die Diffusionskontrolle die Aktivierungspolarisation überwiegt; Diffusionspolarisation verbessert die Streufähigkeit /68/. Darüber hinaus erscheint die in den zitierten Arbeiten vorgenommene Extrapolation der Gleichstromverhältnisse (Steigung der Stromdichte-Potential-Kurve als Maß für die Streufähigkeit) auf den instationären Fall nicht unproblematisch.
- Der leichte Anstieg der Streufähigkeit bei hohem f läßt sich mit den kapazitiven Entladeströmen in der anodischen Phase erklären /141/: Diese Ströme fließen ohne äußere Stromquelle, also ohne Einfluß der Elektrolytleitfähigkeit; diese kann somit als "unendlich" interpretiert werden, was eine Streufähigkeitserhöhung bewirkt.

- Die Relation von kathodischer zu anodischer Polarisation kann die Stromverteilung in der jeweiligen Phase unterschiedlich beeinflussen. Eine höhere anodische Polarisation bewirkt einen relativ geringeren Abtrag von erhabenen Kathodenbereichen und verschlechtert so die Streufähigkeit /93/. Diese Betrachtung ermöglicht zwar keinen Vergleich verschiedener Stromformen, aber den Vergleich verschiedener Elektrolyte: Elektrolyte mit geringer anodischer Polarisation reagieren günstiger auf anodische Stromimpulse.

- Die allgemeine Steigerung der Streufähigkeit bei höherem $\bar{i}$ läßt sich als Konzentrationseffekt deuten (Bild 41). Am Beispiel der Verhältnisse in der Haring-Blum-Zelle ist zu erkennen, daß am Ende eines kathodischen Impulses die Konzentration vor K_n stärker abgesunken ist als vor K_f. Nach Abschalten der Stromquelle bilden K_n und K_f ein "Konzentrationselement" mit unterschiedlichen Potentialen. Diese bewirken einen Ladungsausgleich durch Stromfluß während der Ruhezeit, der an K_n einen zusätzlichen Abtrag, an K_f eine Abscheidung hervorruft. Dieser Ausgleich ist dem ohnehin vorhandenen Konzentrationsausgleich durch Diffusion überlagert; er muß auch beim Umpolen der Stromrichtung stattfinden. Die Ausgleichsströme wurden im Experiment beobachtet.

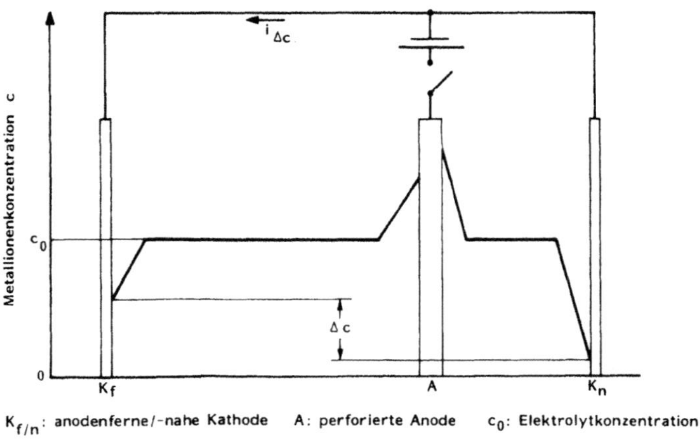

Bild 41: Schema des Konzentrationsverlaufs in der Haring-Blum-Zelle am Ende eines kathodischen Impulses

- Eine ergänzende Erklärung liefert die Betrachtung der Stromausbeute η: Sie sinkt in Grenzstromnähe stark ab. Da auf erhabenen Kathodenbereichen bei hoher Stromdichte η niedriger ist, wird dort weniger abgeschieden als der Stromverteilung entspricht. Hieraus wird auch die Wirkung von abnehmendem T^* und zunehmendem $\hat{i}_a$ verständlich; beides erhöht $\hat{i}_k$ bei konstantem $\bar{i}$, was wiederum η herabsetzt.

7. Eigenspannungen

So vielfältig und teilweise widersprüchlich die Theorien über die Entstehung von inneren Spannungen sind /122/, so schwierig ist eine Aussage über die Wirkung von moduliertem Strom. Allen Theorien gemeinsam ist die Annahme, daß es sich um einen Kristallisationseffekt handelt. Ohne über die Gültigkeit der Hypothesen zu entscheiden, ist festzustellen:

- Das Wirkungsschema zeigt einen engen Zusammenhang zwischen Gefügestruktur und Eigenspannungen. Grobes Gefüge ist spannungsarm; alle Faktoren, die in diese Richtung wirken, verringern die Spannungen /123: Kristallvereinigungstheorie/.

- Nicht bestätigt wurde die Behauptung /124/, daß die Spannungen durch starke Textur verstärkt werden. Es wurde eher das Gegenteil beobachtet; vermutlich ist die Bedeutung der Kristallgröße stärker.

- Für Impulsströme trifft die These zu, daß Versetzungen infolge Stromunterbrechung und behinderte Einordnung in das Kristallgitter bei hoher Frequenz Spannungen hervorrufen. Sie waren in den Versuchen häufig höher als bei Gleichstrom.

- Für die offensichtlich sehr starke Wirkung der anodischen Phase kommen zwei Überlegungen in Betracht. Zum einen bewirkt erhöhte Elektrolytkonzentration geringere Spannungen /122/. Der anodische Impuls erhöht die Oberflächenkonzentration am Impulsbeginn; diese Erscheinung überdeckt möglicherweise den Effekt der Keimneubildung, die Feinkörnigkeit und damit Spannungen fördern müßte. Zum anderen werden Eigenspannungen durch Temperaturerhöhung, wie sie bei Modulation auftritt, stark herabgesetzt /122/. Dies kann als Kristallerholungsvorgang verstanden werden, der bei niedrigem f besser abläuft.

8. Härte

Die Korrelation zwischen Härte und Gefügestruktur (siehe Wirkungsschema) erscheint ausreichend zur Erklärung. Es ist allgemein akzeptiert, daß feinkörnige unorientierte Gefüge in der Regel besonders hart sind /8, 117/. Als Härteursache werden überwiegend Gitterstörungen angenommen. Auch die begrenzte Korrelation zwischen Härte und Eigenspannungen läßt auf die gemeinsame Ursache schließen.

9. Vergleich der Elektrolyte 1 und 2

Beide Elektrolyte verhalten sich in den meisten Punkten völlig vergleichbar. Die deutlichsten Abweichungen liegen in der Wirkung der Spitzenströme auf die Oberflächentopographie und die Streufähigkeit. Kleinere Unterschiede sind auch bei der Härte zu beobachten.

Diese Abweichungen sind verständlich, wenn man berücksichtigt, daß eine bestimmte Schichteigenschaft meist durch mehrere unterschiedliche Effekte geprägt wird. Diese können in Anbetracht der unterschiedlichen Konzentrationsverhältnisse ein jeweils unterschiedliches Gewicht haben, was sich in Verschiebungen der Parameterwirkungen äußert. Vorrangig sind hier die Konzentrationsverhältnisse sowie Unterschiede in der Polarisation und im Diffusionsschichtaufbau zu beachten. Folgende Erklärungen bieten sich an:

- Die Oberflächentopographie dürfte stark durch die Anomalien im Konzentrationsverlauf vor der Kathode geprägt werden (Kapitel 7.2.3). Identische Oberflächenerhebungen können sehr unterschiedlichen Konvektions- und Diffusionsverhältnissen ausgesetzt sein. Die höhere Metallkonzentration im Elektrolyt 2 läßt darüber hinaus eine relativ starke Kristallkeimbildung erwarten.

- Im Hinblick auf die Makro-Streufähigkeit ist beim Elektrolyt 2 infolge der höheren Konzentration und der schlechteren Streufähigkeit eine stärkere Konzentrationselementbildung zu erwarten. Die günstige Wirkung der Stromausbeute ist beim Elektrolyt 2 ebenfalls ausgeprägter, da wegen der schlechteren Stromverteilung die Stromausbeute-Unterschiede zwischen erhabenen und zurückliegenden Kathodenbereichen größer sind. Die Auswertung der dynamischen Stromdichte-Potential-Kurven zeigt schließlich, daß sich beim Elektrolyt 1 die Relation $\hat{\varphi}_k/\hat{\varphi}_a$ (als Maß für die Polarisationsverhältnisse) mit höherem Δi zu kleineren Werten verschiebt, was eine Streufähigkeitsabnahme bewirkt. Beim Elektrolyt 2 sind die Verhältnisse umgekehrt.

- Die Härteunterschiede sind im Zusammenhang mit der Gefügestruktur zu sehen; diese wird überwiegend durch Konzentrationsunterschiede beeinflußt.

7.3.3 Betrachtungen zur "Verfahrenskenngröße Strommodulation"

Die bisherigen Ausführungen haben eine definierte Wirkung von moduliertem Strom auf bestimmte Schichteigenschaften belegt und diese Wirkung im einzelnen erklärt. Unbefriedigend bleibt jedoch, daß die Zusammenhänge sehr komplex und daher selbst bei Zuhilfenahme des Wirkungsschemas unübersichtlich sind. Nach wie vor wäre zumindest für die praktische Anwendung wünschenswert, ein einziges anschauliches Maß für die Größe "Modulation" zu formulieren; letztlich also die Frage zu beantworten: Was kann ich an meiner Beschichtung verbessern, wenn ich modulierten Strom verwende, und wie "stark" muß ich zu diesem Zweck modulieren?

Die Darlegungen in den vorausgegangenen Abschnitten lassen erkennen, daß dies aus grundsätzlichen Erwägungen in dieser einfachen Form nicht möglich ist:

- Der Zusammenhang zwischen technologischer Schichteigenschaft und Stromform ist nur ein sehr indirekter (Bild 28). Die Strommodulation beeinflußt mehrere verschiedene Mechanismen im gesamten Abscheidevorgang, deren Kombination erst eine komplexe "Systemeigenschaft" der Schicht erzeugt. Die technologischen Schichteigenschaften wiederum geben jeweils einen kleinen meßtechnisch bedingten Ausschnitt aus dieser Systemeigenschaft wieder.
- Die grundsätzlich denkbaren Einflüsse von moduliertem Strom werden in ihrer konkreten Auswirkung in hohem Maß durch die Eigenschaften des verwendeten Elektrolyten bestimmt.

- Die Auswahl von "wirkungsbestimmenden" Stromkenngrößen ist außerordentlich schwierig. Es wurde kein Parameter gefunden, der die Ergebnisse allein hinreichend beschreibt. Offensichtlich entzieht sich die Größe "Strommodulation" einer anschaulichen und einfachen Quantifizierung. Erklärbar ist dies zum einen durch die Wechselwirkung zwischen kathodischem und anodischem Impuls bzw. Ruhezeit. Jeder einzelne Impuls beginnt bei Ausgangsbedingungen, die vom vorausgegangenen Impuls abhängen. Zum anderen erfordert der quasi-stationäre Charakter der Abscheidung eine kombinierte Betrachtung von Strom und Zeit.

Für Tendenzaussagen ist die Betrachtung der Potential-Schwingungsbreite $\Delta\varphi$ im Wirkungsschema (Bilder 38 und 39) hilfreich. Sie korreliert in weiten Bereichen recht deutlich mit den meisten untersuchten Schichteigenschaften. Offensichtlich stellt $\Delta\varphi$ eine Meßgröße dar, die bereits während des Abscheidens die Wirkung veränderter Stromdaten abschätzbar macht. Je kleiner $\Delta\varphi$ ist, umso mehr nähern sich die meisten Schichteigenschaften denen der Gleichstromabscheidung an. Mit den ebenfalls betrachteten Potentialgrößen $\hat{\varphi}_k$ und $\bar{\varphi}$ ist dies nicht so günstig möglich.
Da die Messung von $\Delta\varphi$ für die Praxis zu aufwendig ist, bieten sich als Ersatzgrößen die Stromschwingungsbreite Δi und die Frequenz f an. $\Delta\varphi$ hängt in erster Linie von diesen Größen ab; es wird kleiner mit abnehmendem Δi und zunehmendem f. Tatsächlich zeigt sich im Wirkungsschema, daß die meisten Eigenschaften der Schichten am stärksten von der Gleichstromabscheidung abweichen, wenn gleichzeitig Δi groß und f klein ist. Somit bietet es sich an, eine Größe "<u>Modulationsstärke</u>" zu definieren, die beispielsweise als $M = \Delta i/f$
oder, um für große Frequenzbereiche günstigere Zahlenwerte zu erhalten, etwa als $M = \Delta i/\lg f$ oder $M = \Delta i/f^{1/e}$
ausgedrückt werden kann. Je größer M ist, umso stärker beeiflußt die Strommodulation die Schichteigenschaften. Bei Auswertung zum Beispiel der Eigenspannungsmessungen hinsichtlich M zeigt sich, daß sich hieraus eine "schärfere" Aussage ergibt als bei anderen Stromparametern (Bild 42 im Vergleich mit Bild 25). Noch deutlicher ist dieser Effekt bei den nicht quantifizierten Eigenschaften Gefüge- und Oberflächenstruktur.

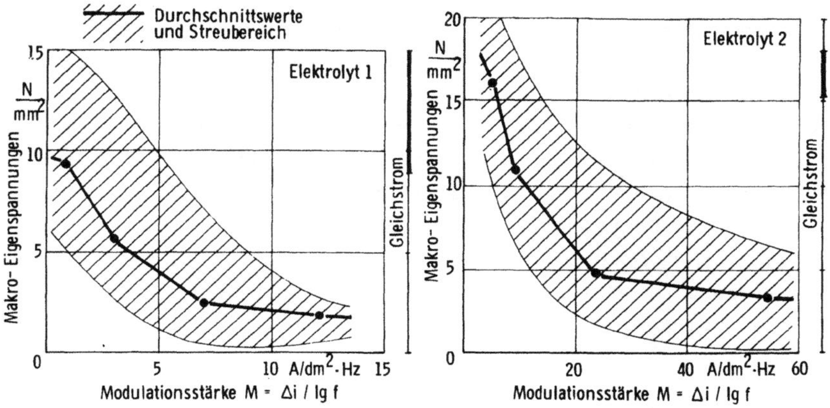

Bild 42: Einfluß der Modulationsstärke auf die Eigenspannungen

In welche Richtung - bezogen auf die Abscheidung mit Gleichstrom - die Wirkung einer Strommodulation geht, läßt sich bis zu einem gewissen Grad theoretisch abschätzen, wenn die Eigenschaften eines Elektrolyten hinreichend genau bekannt sind. Häufig läßt sich die Gleichstromabhängigkeit der Schichteigenschaften auf die erhöhten Impulsstromdichten extrapolieren. Hierdurch wird praktisch die stationäre Komponente des quasistationären Zustandes berücksichtigt; die Zulässigkeit der Extrapolation muß allerdings im Einzelfall geprüft werden. Zusätzlich ist zu berücksichtigen, wieweit von der instationären Komponente des Abscheidestroms, also der dauernden Wiederholung von Initialvorgängen, ein Einfluß erwartet werden muß. Die wesentlichen Effekte sind dabei in den Bereichen Stofftransport, Doppelschichtbeladung, Elektrodenreaktionen, Fremdstoffanlagerung sowie Elektrokristallisation zu suchen.

Quantifizieren lassen sich nach dem derzeitigen Wissensstand die Parameterwirkungen nur im Experiment; zu groß ist bei vielen Eigenschaften die Zahl der beeinflussenden Vorgänge. Welche Effekte ausschlaggebend sind, hängt primär vom Elektrolyttyp ab. So zeigte sich bei den untersuchten Elektrolyten, daß Kristallisationsvorgänge die weitaus wichtigste Rolle spielen. Sie bestimmen die Gefügestruktur und damit indirekt weitere Eigenschaften wie Oberflächengestalt, Eigenspannungen und Härte, vermutlich auch andere hier nicht untersuchte mechanische Schichteigenschaften. Der stationäre Stofftransport ist im Rahmen des gewählten Untersuchungsbereichs wenig beeinflußbar; er hat allerdings für die Initialvorgänge eine erhebliche Bedeutung. Die Doppelschichtkapazität schlägt nur bei sehr hohen Frequenzen zu Buche. Elektrodenreaktionen beeinflussen die Stromausbeute, während Fremdstoffeinflüsse bei den zusatzfreien Elektrolyten verständlicherweise nicht zu registrieren sind.

8 Überprüfen der Laborergebnisse unter Produktionsbedingungen an einem Beispiel der Galvanoformung

Hauptgesichtspunkt der Untersuchung war, die Möglichkeiten für eine Verkürzung der Abscheidedauer bei einem vorgegebenen Elektrolyt zu prüfen /54/. Darüber hinaus sollten die Erodiereigenschaften der Elektroden zumindest nicht schlechter werden als bei mit Gleichstrom hergestellten Elektroden.
Die unbekannte Auswirkung der Elektrolytzusätze im verwendeten Produktionselektrolyt (Elektrolyt 3) erforderte einige labormäßige Voruntersuchungen, um die aufwendigen Produktionsversuche zielgerichtet durchführen zu können. Die Ergebnisse sind in Abschnitt 8.1 zusammengestellt, die der Produktionsversuche in Abschnitt 8.2. Die Versuchsdurchführung ist jeweils im Anhang beschrieben.

8.1 Vorversuche zum Verhalten des Produktionselektrolyten

In Stichprobenversuchen wurden dieselben Eigenschaften geprüft wie bei den zusatzfreien Elektrolyten. Wegen des Stichprobencharakters wird auf graphische Darstellungen weitgehend verzichtet.

8.1.1 Oberflächentopographie

Die beschichteten Probebleche wurden nach visueller Beurteilung nach den Kriterien Farbe, Glanz und Gleichmäßigkeit über die Oberfläche in 6 Klassen eingeteilt (Bild 43). Besonders auffallend waren sehr gleichförmige samtartige Oberflächen (Typ 1b und 2b), wie sie bei Gleichstrom nicht auftreten. Unter dem Mikroskop wurden sie als stark nadlig erkannt (Bild 44, Aufnahme 6).
Durch Zuordnung der Proben zu den Qualitätsklassen (Bild 43) und Auswertung der REM-Aufnahmen ergaben sich folgende Parametereinflüsse:

- Die Schichten werden stärker dendritisch durch zunehmendes $\hat{i}_k$, $\hat{i}_a$ und Δi sowie abnehmendes T^*.
- Die Struktur der Oberfläche wird gröber durch steigendes $\bar{i}$ und abnehmendes f.
- Für $\bar{i}$ existiert wie beim Elektrolyt 1 eine ausgeprägte Grenzstromdichte bei ca. 1,8 A/dm².

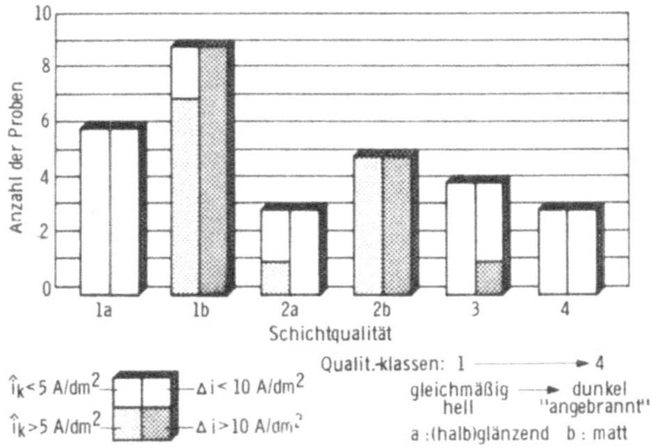

Bild 43: Numerische Zuordnung der Schichtqualität zur Stromform, Elektrolyt 3

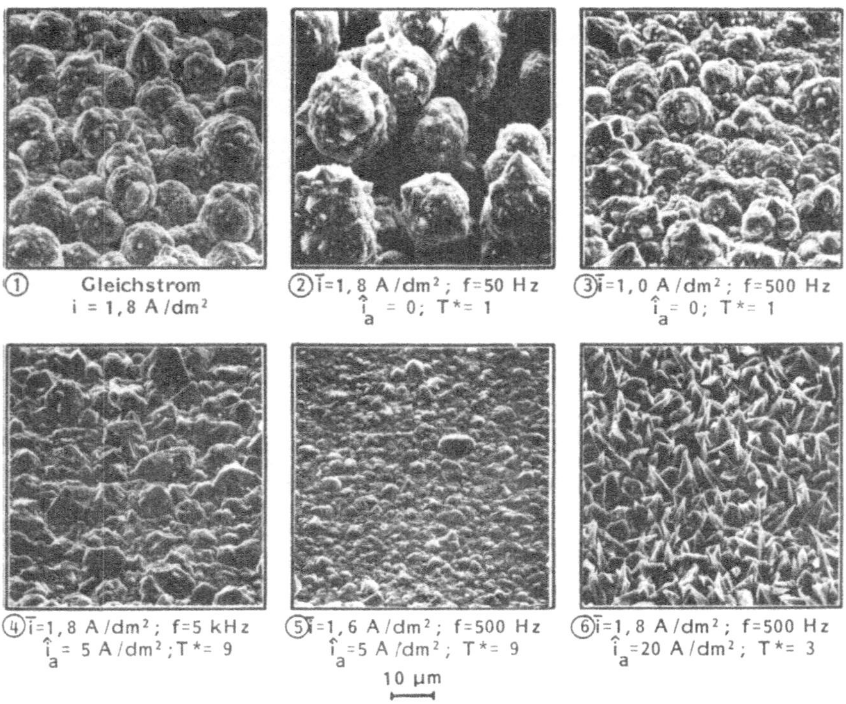

Bild 44: REM- Aufnahmen typischer Oberflächen, Elektrolyt 3

Insgesamt also ist der Elektrolyt 3 dem Elektrolyten 1 sehr ähnlich; es besteht jedoch eine stärkere Neigung zur Bildung nadliger oder dendritischer Strukturen. Diese Erscheinung steht im Einklang mit der Beobachtung, daß verschiedene kapillaraktive Elektrolytzusätze (z. B. Ölsäure, Gelatine) das Dendritenwachstum durch Inhibition der Dendriten-Seitenflächen fördern /118/.

8.1.2 Makro-Streufähigkeit

Die Zusätze des Elektrolyten 3 verändern die Streufähigkeit gegenüber Elektrolyt 1 erheblich. Für Gleichstrom liegt sie um 10 - 15 % höher. Bei Strommodulation jedoch, wo beim Elektrolyt 1 die Streufähigkeit durchschnittlich verbessert wird (Bild 22, S. 51), nimmt sie beim Elektrolyt 3 gegenüber Gleichstrom durchweg ab.

Die Wirkung der Stromparameter ist der beim Elektrolyt 1 vergleichbar: Die Streufähigkeit nimmt zu mit steigendem $\bar{i}$ und T^* sowie fallendem Δi, $\hat{i}_k$ und $\hat{i}_a$. Die deutlichste Wirkung zeigt $\hat{i}_a$ (Bild 45). Ein Frequenzeinfluß ist nicht zu erkennen.

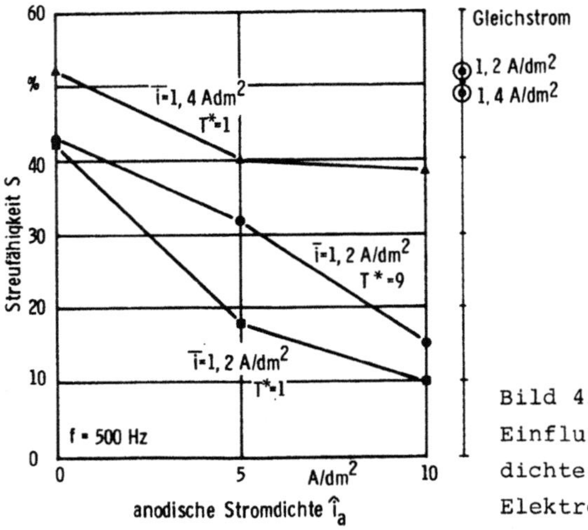

Bild 45:
Einfluß der anodischen Stromdichte auf die Streufähigkeit, Elektrolyt 3

Für die Elektrolytzusätze ist damit festzustellen, daß sie ausgesprochen auf den Einsatz mit Gleichstrom "zugeschnitten" sind. Die Streufähigkeitswerte für Elektrolyt 3 und modulierten Strom liegen im Durchschnitt nur wenig über denen für Elektrolyt 1 und Gleichstrom. - Die Erklärung für diese Erscheinung durch anodische Inhibition erfolgt in Kapitel 8.1.5.

8.1.3 Eigenspannungen

Eine begrenzte Anzahl von Stichprobenmessungen ergab wie beim Elektrolyt 1 eine starke Spannungsverminderung bei steigendem $\hat{i}_a$. Die Tendenzen für T^* und $\hat{i}_k$ scheinen gegenläufig zum Elektrolyt 1 zu sein: Spannungsabnahme bei steigendem T^* und sinkendem $\hat{i}_k$. Sämtliche Werte liegen jedoch unter denen für Gleichstrom. Die Werte für Gleichstromabscheidung liegen etwa um den Faktor 5 höher als bei Elektrolyt 1, die Werte für modulierten Strom dagegen in der gleichen Größenordnung.

8.1.4 Struktur dicker Schichten

Die Versuche zeigten im gesamten Untersuchungsbereich dieselben Tendenzen wie beim Elektrolyt 1:

Das Gefüge zeigt sehr unterschiedliche Strukturen (Bild 46; Schichtdickenunterschiede zwischen den Proben sind Folge unterschiedlicher Makro-Schichtverteilung). Gleichstromschichten sind vom UD-Typ (vgl. Kapitel 6.3.5), bei Strommodulation treten alle Varianten vom UD- bis zum FI-Typ auf. Die Feldorientierung nimmt zu für steigendes $\hat{i}_a, \hat{i}_k$ und Δi sowie fallendes T*. Feineres Gefüge entsteht durch höheres f und niedrigere $\hat{i}_k$ und $\hat{i}_a$.

Auch die Härte der Schichten entspricht den Schichten aus dem Elektrolyt 1. Die Vickers-Härte liegt bei 1300 bis 1500 N/mm² bei feinkörnigem Gefüge, für andere Strukturen bei 400 bis 600 N/mm². Auch hier treten praktisch keine Zwischenwerte auf. Die Härteunterschiede innerhalb einer Schicht sind geringer als beim Elektrolyt 1.

Die Querschliffe der Schichten im Grund der V-Nut (Bild 46) zeigen eine teilweise sehr schlechte Beschichtung der Innenkanten. Diese Kantenschwäche ist gerade für Funkenerosionselektroden äußerst schädlich, da die Kanten beim Erodieren am stärksten beansprucht werden. Mehrere Einflüsse können sie verursachen /121, 158 - 161/: Bei stark feldorientiertem Gefüge tritt in der Winkelhalbierenden der Kante eine Kapillare zwischen

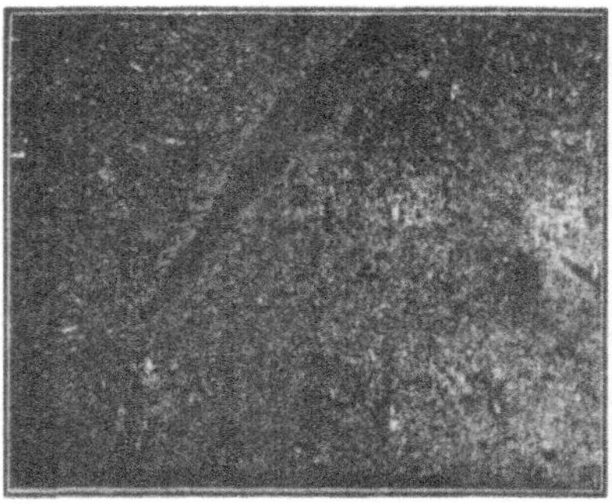

① Gleichstrom 1,3 A/dm^2

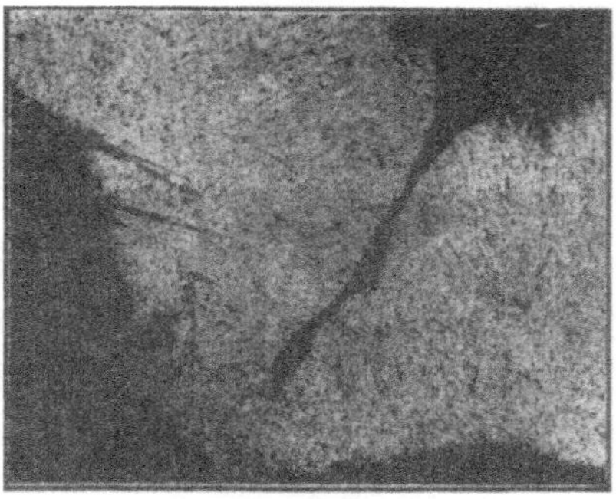

② $\bar{i}$ = 1,3 A/dm^2; f= 1 kHz
$\hat{i}_a$= 0; T*= 3

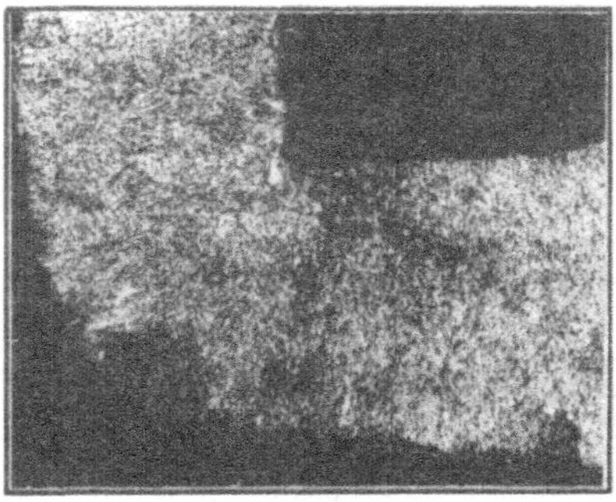

③ $\bar{i}$= 1,3 A/dm^2; f= 1 kHz
$\hat{i}_a$= 0; T*= 1/9

④ $\bar{i}$= 1,3 A/dm^2; f= 1 kHz
$\hat{i}_a$ = 10 A/dm^2; T*= 1

⑤ $\bar{i}$= 1,6 A/dm^2; f= 100 Hz
$\hat{i}_a$= 5 A/dm^2; T*= 3

⑥ $\bar{i}$= 1,3 A/dm^2; f= 1 kHz
$\hat{i}_a$= 5 A/dm^2; T*= 3

0,5 mm

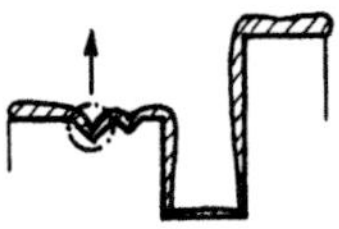

Bild 46: Querschliffe typischer Gefügestrukturen, Elektrolyt 3

den aufeinander zuwachsenden Schichten auf, allerdings erst, wenn die Schichtdicke größer als der Kantenradius ist; schlechte Mikro-Streufähigkeit verhindert das Beschichten des engeren Nutgrundes; schlechte Makro-Streufähigkeit schließlich verringert die Gesamt-Schichtdicke in weiteren Kantenbereich.
Anhand der Versuche konnte nachgewiesen werden, daß durch modulierten Strom die Kantenschwäche erheblich reduziert werden kann. Wesentlich dafür ist anscheinend die gröbere Gefügestruktur, die beim Wachstum aufeinandertreffende Schichten sich besser miteinander verzahnen läßt. Teilweise dürfte auch eine verbesserte Mikro-Streufähigkeit (bei schlechterer Makro-Streufähigkeit) die Ursache sein. Am günstigsten ist ein nicht zu feinkörniges, wenig orientiertes Gefüge (UD-/FT-Übergangstyp) unter den Bedingungen schlechter Makro-Streufähigkeit. Da die mechanische Festigkeit der Kanten nicht geprüft wurde, kann allerdings nicht ausgeschlossen werden, daß in der Winkelhalbierenden eine metallographisch nicht erkennbare Kapillare bestehen bleibt.
Dendritischer Kantenbewuchs entsteht unter denselben Bedingungen wie beim Elektrolyt 1, er ist jedoch erheblich stärker als dort. Kontrollversuche mit verschiedenen Zusatzkonzentrationen und zusatzfreiem Elektrolyt bestätigten die dendritenfördernde Wirkung der Zusätze.
Die Schichtdickenverteilung bestätigt völlig die Messungen mit der Haring-Blum-Zelle. Sie wird schlechter mit höherem Δi und abnehmendem T^*.
Für Stromausbeute und Abscheidegeschwindigkeit zeigten sich gleiche Tendenzen wie beim Elektrolyt 1. Die η-Werte blieben im Untersuchungsbereich sämtlich über 90 %. Beurteilt man zur Bewertung der Abscheidegeschwindigkeit die Schichtqualität an den exponierten Stellen, so wird hier mit moduliertem Strom eine teilweise deutlich bessere Qualität erreicht, d. h. es kann mit höherer Stromdichte abgeschieden werden, um dieselbe Schichtqualität zu erzielen.

8.1.5 Stromdichte-Potential-Kurven

Mit demselben Versuchsprogramm wie für den Elektrolyt 1 wurden galvanodynamische Stromdichte-Potential-Kurven aufgenommen (Bild 47).

Im Vergleich der Kurven für beide Elektrolyte (Bild 33) erkennt man für die Kurven ohne anodischen Stromanteil wenig Unterschiede. Lediglich die etwas geringere Steigung der niederfrequenten Kurven deutet auf eine bessere Streufähigkeit auch bei Gleichstrom /162/.

Die Kurven mit anodischem Anteil dagegen weisen eine erhebliche anodische Polarisation aus. Das Spitzenpotential $\hat{\varphi}_a$ ist um den Faktor 1,5 bis 3 höher als beim Elektrolyt 1. Außerdem ist die Hysterese bei niedriger Frequenz erheblich größer, was auf einen relativ trägen Vorgang als Ursache hinweist. Diese Erscheinung dürfte die vom Elektrolyt 1 abweichende Verschlechterung der Streufähigkeit bei Strommodulation hinreichend erklären. Für eine günstige Schichtverteilung sollte der anodische Abtrag möglichst der primären Stromverteilung folgen /93/; hier ist das Gegenteil der Fall.

Eine tiefergehende Erklärung der Vorgänge ist ohne die genaue Kenntnis der Wirkungsweise der Elektrolytzusätze nicht möglich. Vermutlich wird die Diffusion der Zusätze zur Oberfläche und ihre Verteilung auf dieser durch die anodische Phase beeinflußt.

8.2 Ergebnisse der Produktionsversuche

Die Ergebnisse dieser Versuchsreihe sind insofern mit Einschränkungen zu versehen, als der Untersuchungsbereich der Stromparameter begrenzt war einerseits durch die unzureichende Ausgangsspannung der zur Verfügung stehenden Stromquelle, andererseits weil wegen der extremen Dendritenbildung hohe Spitzenströme und niedrige Tastverhältnisse vermieden werden mußten. Die Stromdichten waren auf folgenden Bereich beschränkt:

$\hat{i}_a \leq 5$ A/dm², $\hat{i}_k \leq 6$ A/dm², $\Delta i \leq 9$ A/dm², $T^* \leq 1/4$, $f \leq 1$ kHz.

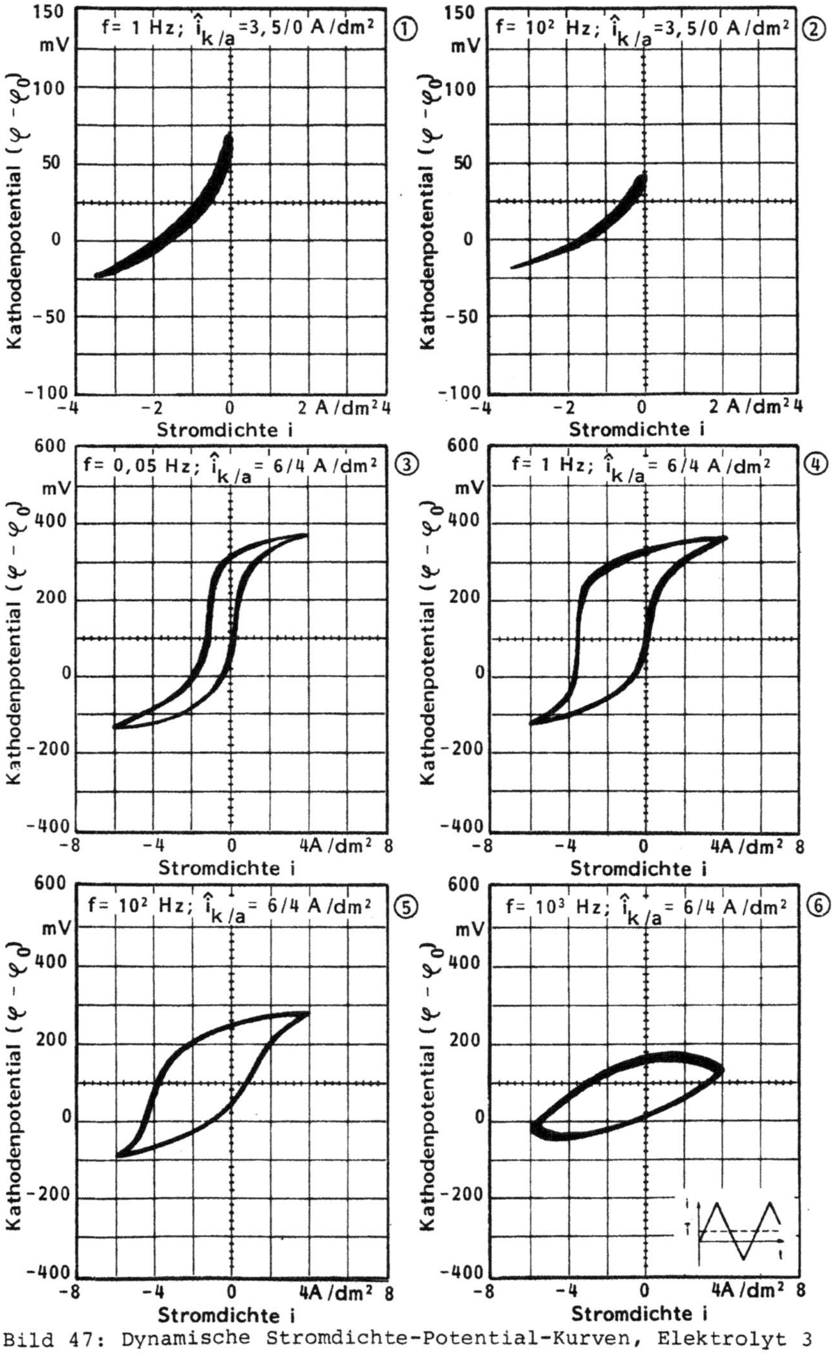

Bild 47: Dynamische Stromdichte-Potential-Kurven, Elektrolyt 3

8.2.1 Qualität der Abscheidung

Die abgeschiedenen Schichten entsprachen nicht in allen Punkten den Erwartungen aus den Laborversuchen. Die Schichtverteilung war durchaus entsprechend; vor allem steigendes $\hat{i}_a$ verschlechtert die Schichtverteilung (Bild 48). Gefüge- und Oberflächenstruktur fielen jedoch weit weniger unterschiedlich aus als nach den Vorversuchen erwartet. Es wurde ausschließlich feinkörniges, teilweise leicht feldorientiertes UD-Gefüge festgestellt. Die Vickers-Härte lag einheitlich bei ca. 1500 N/mm². Der dendritische Kantenbewuchs war erheblich stärker als in den Vorversuchen.

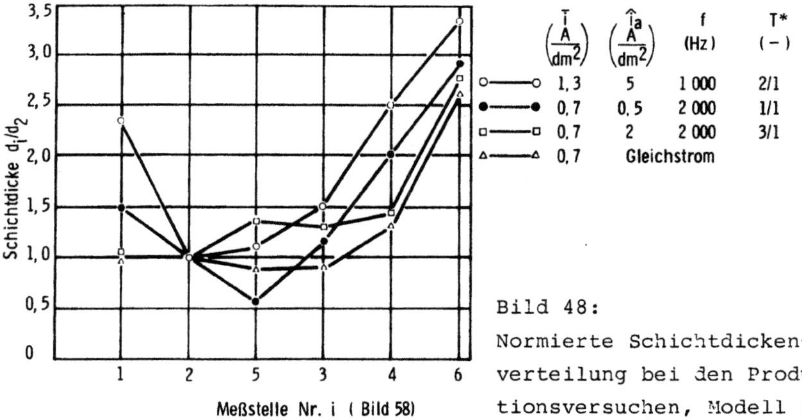

Bild 48: Normierte Schichtdickenverteilung bei den Produktionsversuchen, Modell 2

Um diesen Sachverhalt zu überprüfen, wurden einige entsprechende Beschichtungsversuche mit zusatzfreiem Elektrolyt 1 durchgeführt. Dort ergaben sich die erwarteten vielfältigen Strukturen einschließlich gröber kristalliner weicher Schichten. Die Schichtverteilung war etwas schlechter als beim Elektrolyt 3. Ergänzende Kontrollversuche im Labor mit aus der Produktion entnommenem Elektrolyt bestätigten dessen starke Neigung zur Dendritenbildung im Vergleich zu im Labor angesetztem Elektrolyt 3.
Zur Erklärung dieser "Übertragungsschwierigkeiten" vom Labor- in den Produktionsmaßstab können folgende Überlegungen herangezogen werden:

- Der Produktionselektrolyt unterschied sich vom Laborelektrolyt, obwohl beide mit identischen Rezepturen und Chemikalien hergestellt waren. Sehr wahrscheinlich war der Produktionselektrolyt im längeren Gebrauch durch Badmodelle und Behältermaterial verunreinigt. Die Anfälligkeit der Elektrolyte für Spuren organischer Verunreinigungen,wie Weichmacher von Behälterwerkstoffen,war bereits aus anderen Versuchen bekannt.
- Die übermäßigen Randdendriten schirmten die Flächen ab, so daß dort einheitlichere Abscheidebedingungen entstanden.
- Die Form der Stromimpulse war wegen des induktiven Anteils der Badimpedanz nicht ideal; die Stromdichte stieg während der Impulse erheblich an. Aus anderem Anlaß durchgeführte Versuche mit sinusförmigem Strom ergaben ebenfalls eine Tendenz zu weniger dendritischem Gefüge als bei Rechteckimpulsen. Daher kann auch für die beschriebene "verrundete" Impulsform eine ähnliche ausgleichende Wirkung auf die Gefügestruktur vermutet werden.

8.2.2 Funktionsprüfung

Die Erodierversuche mit Produktionseinrichtungen ergaben für die Schichten aus dem Elektrolyt 3 keine meßbaren Unterschiede im Elektrodenverschleiß. Die Meßunsicherheit war dabei allerdings sehr groß.
Daher wurden auf einer Versuchs-Erodiermaschine stichprobenweise zusätzliche Erodierversuche mit besseren Meßeinrichtungen durchgeführt. Dabei schnitten die mit moduliertem Strom abgeschiedenen Schichten vor allem in der Bewertung Abtrag/Verschleiß deutlich besser ab als die Gleichstromschichten (Bild 49). Die Erfahrung zeigt allerdings, daß derartige Unterschiede im praktischen Einsatz neben anderen Störeinflüssen tatsächlich unbemerkt bleiben können.
Die Kontrollschichten aus dem Elektrolyt 1 zeigten bemerkenswerterweise wesentlich bessere Abtrags- und Verschleißwerte; der Verschleiß auf der Produktionsmaschine war bis zu 50 % geringer. Da diese Versuche jedoch nicht zum eigentlichen Untersuchungsbereich gehörten, wurde die Beobachtung nicht weiterverfolgt.

Abscheidung				Erodieren			
$\bar{i}$ A/dm^2	$\hat{i}_a$ A/dm^2	f Hz	T* -	Schruppen ▽ Schlichten ▽▽ Feinschl. ▽▽▽	Elektrodenverschleiß V %	Werkstückabtrag ϑ mm^3/min	ϑ/V mm^3/min
Produktionsversuche							
alle Versuche				▽	7	nicht gemessen	
				▽▽	0,6		
				▽▽▽	30		
Technikumsversuche							
1,2 DC	-	-	-	▽▽	1,09	76,0	6 972
				▽▽▽	38,0	71,9	189
1,2	3	10^3	3	▽▽	0,82	75,5	9 206
				▽▽▽	32,9	70,9	214
1,2	0	3 300	1/4	▽▽	0,91	82,7	9 085
				▽▽▽	28,1	82,0	291

Bild 49: Ergebnisse der Erodierversuche

8.3 Zusammenfassende Einschätzung

Die Versuche zeigten, daß - soweit alle wesentlichen Randbedingungen übereinstimmen - die Ergebnisse von Laborversuchen problemlos auf die praktische Anwendung übertragbar sind. Die genannte Voraussetzung muß allerdings gründlich geprüft werden; Übertragungsprobleme entstanden bei den beschriebenen Versuchen hauptsächlich durch Elektrolytveränderungen in der Produktion und die unbefriedigende Stromversorgungstechnik.

Analog zu den Elektrolyten 1 und 2 läßt sich für den Elektrolyt 3 ein Wirkungsschema erstellen - wegen des geringen Versuchsumfangs allerdings mit Vorbehalten hinsichtlich einzelner Tendenzen (Bild 50). Es ist dem des Elektrolyten 1 sehr ähnlich. Die auftretenden Unterschiede können durch die anodische Inhibition und die dendritenfördernde Wirkung der Elektrolytzusätze erklärt werden.

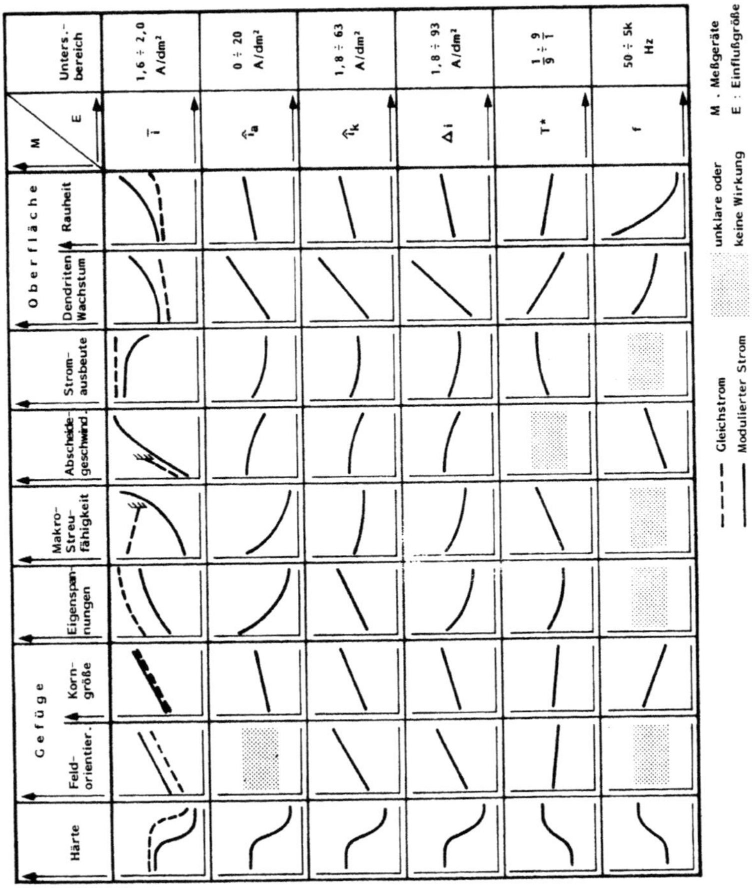

Bild 50: WIRKUNGSSCHEMA, Elektrolyt 3:
Einfluß der Stromparameter auf die Kupferabscheidung

Das Erreichen des Untersuchungsziels - Verkürzen der Abscheidedauer bei mindestens gleichbleibender Schichtqualität gegenüber Gleichstromabscheidung mit Elektrolyt 3 - muß differenziert bewertet werden:

Die Forderungen zur Schichtqualität wurden voll erfüllt. Die günstigere Gefügestruktur verbessert vor allem die Kantenschwäche, die Eigenspannungen sind erheblich niedriger, die Härte kann gleich groß gehalten werden. Die Erodiereigenschaften wurden tendenziell verbessert. Im Gegensatz zur Gleichstromabscheidung können die genannten Eigenschaften in weiten Grenzen "gesteuert" werden.

Die Abscheidedauer wird einerseits durch die überwiegend verschlechterte Streufähigkeit beeinflußt, andererseits durch die erreichbare höhere Stromdichte (vgl. Bild 6). Die bessere Schichtqualität ermöglicht eine geringere Mindestschichtdicke. Daher ist für wenig profilierte Werkstücke die Verkürzung der Abscheidedauer möglich, für stark profilierte Objekte dagegen überwiegt der negative Effekt der geringeren Streufähigkeit und des stärkeren Kantenbewuchses. Sollten für solche Werkstücke die günstigeren Schichteigenschaften erheblich sein, so sollten zusätzliche Hilfsmaßnahmen zur Verbesserung der Stromverteilung wie zum Beispiel Blenden in Betracht gezogen werden.

Als allgemeines Ergebnis der Untersuchung sollte festgehalten werden, daß der Einfluß der Strommodulation in starkem Maß vom Elektrolyt - vom Grundansatz wie von den Zusätzen - abhängt. Ergebnisse mit einem Elektrolyt können nicht ohne weiteres auf andere Elektrolyte übertragen werden. Im vorliegenden Fall bewirkten die verwendeten Zusätze, daß der Elektrolyt wesentlich ungünstiger auf modulierten Strom reagierte als derselbe zusatzfreie Elektrolyt.

8.4 Allgemeine Aspekte für die praktische Anwendung

8.4.1 Zur Wirkung der Strommodulation

Die in dieser Arbeit beschriebenen Untersuchungen lassen durchgängig einige spezifische Effekte der Kupferabscheidung mit moduliertem Strom erkennen, die für eine denkbare praktische Anwendung von Bedeutung sind:

- Die Gefüge- und Oberflächenstruktur kann in weiten Grenzen gezielt variiert werden. Gegenüber Gleichstrom besteht eine Tendenz zu stärker feldorientiertem Wachstum.
- Die Stromausbeute liegt ohne Mitabscheidung von Wasserstoff unter 100 %.
- Die Gefahr des "Anbrennens" der Schicht bei sehr hoher Stromdichte ist geringer.
- Die Eigenspannungen können entscheidend verringert werden.
- Höhere Härte als mit Gleichstrom kann nicht erreicht werden.

- Die Streufähigkeit läßt sich bei zusatzfreien Elektrolyten steigern, bei dem untersuchten zusatzhaltigen Elektrolyt verschlechtert sie sich.

Die betrachtete Literatur (Kapitel 2) und eigene Untersuchungen /82/ weisen für eine Reihe anderer Schichtwerkstoffe ähnliche Ergebnisse aus, so daß in diesen Tendenzen durchaus Ansatzpunkte für eine Übertragung auf andere Anwendungsfälle gesehen werden können.
Quantitative Aussagen über die tatsächliche Wirkung einer Strommodulation für einen konkreten Anwendungsfall können nur praxisorientierte Experimente liefern. Da sich ein und dieselbe Änderung der Stromform auf manche Schichteigenschaften positiv, auf andere negativ auswirkt, ist eine Darstellung in der Art der vorgestellten Wirkungsschemen hilfreich, um den Gesamteffekt abzuschätzen. Häufig wird es nötig sein, eine Rangfolge für die geforderten Schichteigenschaften festzulegen, um beurteilen zu können, wieweit eine Strommodulation im jeweiligen Fall sinnvoll sein kann.
Die für die praktische Anwendung wichtige Frage nach den Einstellgrößen, durch welche der Abscheidestrom zu bestimmen ist, kann im Sinn von Abschnitt 5.2.2.2 beantwortet werden. Die Größen $\bar{i}$, f, T^* und $\hat{i}_a$ haben sich als brauchbar erwiesen; im Einzelfall mögen ersatzweise die Größen $\hat{i}_k$ oder Δi sinnvoll sein. Die Modulationsstärke M (Kapitel 7.3.3) ist geeignet, Ausmaß und Richtung der Wirkung einer Stromformänderung abzuschätzen, wenn eine qualitative Aussage über die Wirkung von Strommodulation vorliegt. Zum Einstellen von Geräten ist sie jedoch kaum zu verwenden.

Zur grundsätzlichen Einschätzung der Möglichkeiten des galvanischen Abscheidens mit moduliertem Strom sei nochmals der Standpunkt betont, daß das Verfahren als eine Möglichkeit unter anderen betrachtet werden sollte, durch Variation der Arbeitsbedingungen vielfältigere Eigenschaften der abgeschiedenen Schichten zu erzielen. Revolutionäre Verbesserungen der Abscheidung sind auf diesem Weg nur in Ausnahmefällen zu erwarten.
Die Wirkung der Strommodulation liegt im wesentlichen darin, daß im quasi-stationären Zustand die einzelnen Stufen der Ab-

scheidung ein jeweils anderes Gewicht haben können als bei Gleichstrom (vgl. Kapitel 7.1.2). Am ehesten können durch Einbeziehen einer anodischen Stromphase im Vergleich zur Gleichstromabscheidung nicht nur quantitativ, sondern auch qualitativ neue Eigenschaften erzeugt werden.
Die Wirkung von moduliertem Strom kann durchaus mit der von Elektrolytzusätzen verglichen werden. Tatsächlich können diese teilweise bei Anwendung von moduliertem Strom reduziert werden oder ganz entfallen; ihre Haupt-Nachteile, nämlich Einbau in die Schicht und Abwasserprobleme, können damit verringert werden.

8.4.2 Geräte- und Anlagentechnik

Die herkömmliche Anlagentechnik ist in der Regel problemlos auch für den Einsatz von moduliertem Strom geeignet. Höchstens bei kalt arbeitenden Bädern kann bei starker Modulation eine Badkühlung wegen der zusätzlichen Stromwärme erforderlich sein; bei ohnehin erhöhter Arbeitstemperatur wird lediglich die Wirkung der Badheizung unterstützt.

Die Stromversorgungstechnik ist vor allem im industriellen Maßstab noch in der Entwicklung begriffen. Besonders wichtig ist, daß der gesamte Stromkreis auf minimale Induktivität und höchste Leitfähigkeit ausgelegt sein muß, um die Anforderungen an die Stromversorgungsgeräte niedrig zu halten. Dies erfordert geringe Entfernung zwischen Stromversorgung und Bad, große Kabelquerschnitte und geringen Abstand zwischen Kathoden- und Anodenzuleitung, am besten durch Verdrillen derselben. Sehr günstig ist die Verwendung von Hochlast-Koaxialkabeln. Man kann drei Grundprinzipien zum Erzeugen von modulierten Stromarten unterscheiden (Bild 51) /24, 163 - 168/:

- Sinusförmiger Strom läßt sich durch Gleichrichtung, Gleichstromüberlagerung und eventuelle Frequenzumformung aus Wechselstrom erzeugen.
- Rechteckförmiger Strom wird durch verschiedene Variationen elektromechanischer oder elektronischer Schaltvorgänge hergestellt. Dabei kann neben reinem Ein-/Ausschalten auch zwischen verschiedenen geräteinternen "Stromquellen" umgeschaltet werden.

- Durch elektronisches Erzeugen von Signalen und anschließendes Umformen bzw. Verstärken können nahezu beliebige Stromformen geliefert werden. In diese Gruppe können mit Vorbehalt auch verschiedene Arten von Stromumformern eingereiht werden.

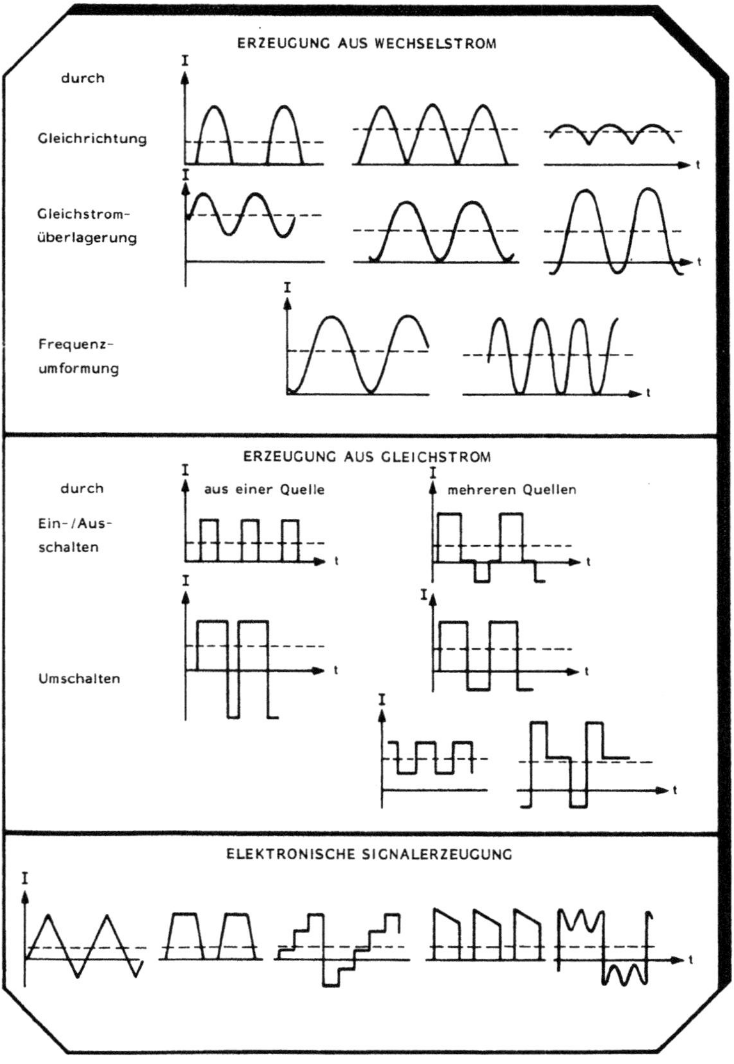

Bild 51: Grundprinzipien zum Erzeugen modulierter Stromarten

Überwiegend wird heute das zweitgenannte Prinzip verwendet. Es sind auch Geräte auf dem Markt, die vorhandene konventionelle Gleichrichter als Stromquelle verwenden; ihr Einsatz ist jedoch häufig durch deren begrenzte Ausgangsspannung eingeschränkt.
Als wichtigste Auswahlkriterien für Stromversorgungsgeräte sind zu nennen:

- Ausgangsstrom; es sind Spitzen- und Durchschnittswerte zu beachten.
- Ausgangsspannung; sie muß wesentlich höher als bei Gleichstrom sein, in der Regel mindestens 30 V.
- Frequenzbereich; er beeinflußt bei induktivem Stromkreis erheblich die Ausgangsspannung, Störungen anderer elektrischer Einrichtungen müssen ausgeschlossen sein (Oberwellen).
- Güte der Signalform: Strom-/Spannungsregelung; Anstiegs-, Einschwingverhalten; sie dürfte in der Regel allerdings von zweitrangiger Bedeutung sein.

Die konkreten Daten müssen sich aus dem jeweiligen Anwendungsfall ergeben.

Echte Wirtschaftlichkeitsbetrachtungen können nur am konkreten Einzelfall durchgeführt werden. Trotzdem seien hier einige wichtige Gesichtspunkte zum Abwägen von Kosten und Nutzen des Galvanisierens mit moduliertem Strom aufgezählt.
Zusätzliche Kosten gegenüber dem Gleichstrombeschichten entstehen in erster Linie durch die Stromversorgungseinrichtung. Der Preis für marktgängige Geräte liegt zur Zeit je nach Ausstattung beim 3- bis 15-fachen des Preises für einen konventionellen Gleichrichter gleicher Leistung. Hinzu können in Einzelfällen die Kosten für eine zusätzliche Badkühlung kommen. Der unter Umständen höhere Stromverbrauch dagegen dürfte selten ein entscheidender Kostenfaktor sein.
Demgegenüber sind als mögliche produktionsseitige Vorteile die Ersparnis von Schichtwerkstoff infolge besserer Schichtverteilung und geringerer Mindestschichtdicke, das Wegfallen von Elektrolytzusätzen sowie das Senken der Fertigungszeit zu sehen.
Produktseitig schließlich sind das Verbessern verschiedener Schichteigenschaften und das Erschließen neuer Anwendungsgebiete durch modifizierte Schichteigenschaften anzuführen.

ANHANG

Inhalt: Seite

9 Versuchseinrichtungen und Versuchsdurchführung

In diesem Kapitel sind nähere Einzelheiten zur Versuchstechnik zusammengestellt, die der Übersicht halber im Hauptteil nicht behandelt werden.

9.1 Allgemeines

9.1.1 Konstant gehaltene Einflußgrößen

Sämtliche Arbeits- und Umgebungsbedingungen wurden soweit wie möglich konstant gehalten; insbesondere Elektrolytzusammensetzung und -temperatur wurden ständig kontrolliert:

Elektrolytzusammensetzung:	Kupferionengehalt 20 bzw. 60 ± 0,5 g/l
Elektrolyttemperatur:	21 ± 1°C, in Ausnahmefällen (s.u.) + 3°C
Badbewegung:	Kurzzeitversuche ohne Bewegung (natürliche Konvektion), Langzeitversuche mit leichter Rührung zum Vermeiden von konvektiver Entmischung
Substrat:	Messing Ms 60, soweit nicht anders erwähnt
Vorbehandlung:	Lösemittelentfettung und Reinigen mit Wiener Kalk
Badgeometrie:	vertikal angeordnete Elektroden mit natürlicher Konvektion, Kathodenflächen 0,1 bis 1 dm^2, Badvolumina bei 1 bis 4 l (außer Produktionsversuche).

9.1.2 Störgrößen und Fehlerbetrachtungen

Die Genauigkeit der Ergebnisse wurde bei den verschiedenen Versuchsreihen in unterschiedlichem Maß durch Störgrößen beeinflußt. Die wichtigsten sind nachfolgend aufgeführt.
Die an Elektrolyt- und Polarisationswiderständen immer entstehende Stromwärme nimmt bei konstantem Durchschnittsstrom mit höheren Spitzenströmen zu: Die Wärmeleistung des Stromes errechnet

sich als $P = U_{eff}\, I_{eff}$, im einfachen Fall Ohm´scher Leiter als $P = R\, I_{eff}^2$. Für Gleichstrom ist dies $P = R\, I^2$, während bei moduliertem Strom mit gleichem $\bar{I}$ die Leistung mit

$$P = R\left(\sqrt{1/T\int_0^T I(t)^2\,dt}\right)^2 = R\,(\hat{I}_k^2 T_k + \hat{I}_a^2 T_a)/(T_k + T_a)$$ größer ist als $$R\bar{I}^2 = R\left(1/T\int_0^T I(t)\,dt\right)^2 = R((\hat{I}_k T_k - \hat{I}_a T_a)/(T_k + T_a))^2.$$ Es kann so eine vielfach höhere Wärme entstehen, die Elektrolyt und Kathode aufheizt.

Die <u>Badbelastung</u> ist durch höhere Spitzenströme und größeren Ladungsumsatz bei moduliertem Strom höher als bei Gleichstrom. Dies wurde durch verstärkte Badüberwachung und häufigen Elektrolytwechsel berücksichtigt; Einflüsse von dieser Seite sind trotzdem nicht auszuschließen.

Die zur Verfügung stehenden <u>Stromversorgungsgeräte</u> befriedigten nicht alle Wünsche. So war die Auswahl der Stromdaten teilweise durch die Leistung der Geräte begrenzt. "Ideal" rechteckförmige Impulse waren bei Frequenzen über ca. 5 kHz nicht mehr zu erzeugen; ergänzende Versuche deuteten allerdings darauf hin, daß dieser Punkt keine sehr wichtige Rolle spielt.

Bezugselektrodensysteme sind vorzügliche Empfänger für äußere <u>Störfelder.</u> Es gelang nicht immer, diese vollständig abzuschirmen.

Die Einflüsse <u>zufälliger Fehlerquellen</u> wie Einstell- und Ableseunsicherheiten lagen im Bereich üblicher Laborausrüstungen. <u>Fehlerabschätzungen</u> für einzelne Versuchsreihen sowie regelmäßige Wiederholmessungen ließen erkennen, daß für die meisten Messungen die Meßunsicherheit unter $\pm$ 10 % lag.

9.1.3 Allgemeine Versuchseinrichtungen

Allen Versuchen gemeinsam waren die Einrichtungen zur Stromversorgung und -kontrolle. Soweit die Badvolumina zu klein waren zur Abfuhr der Stromwärme, wurden die Bäder temperiert (Bild 52).

Die Stromversorgung erfolgte überwiegend mittels eines Funktionsgenerators, der die gewünschte Stromsignalform vorgibt und eines bipolaren Leistungsverstärkers ($I_{max} = \pm 20$ A, $U_{max} = \pm 15$ V, $f_{max} = 25$ kHz), der die Spannungssignale umformt. Die Stromdaten wurden über ein integrierendes Strommeßgerät und ein Speicher-Oszilloskop kontrolliert. Bei einigen Versuchen kam alternativ eine

Impulsstromversorgung zum Einsatz, die über Kondensatorbatterien und elektronischen Schaltregler zerhackten bipolaren Gleichstrom liefert (I_{max} = 150 A, $\bar{I}_{max}$ = 30 A, U_{max} = 35 V, 10 Hz ≤ f ≤ 10 kHz).

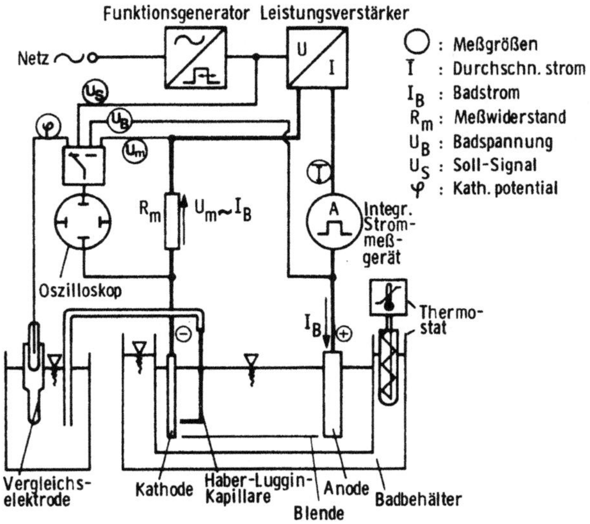

Bild 52: Grundschema des Versuchsaufbaus

9.2 Voruntersuchung (zu Kapitel 6.2)

Die Versuche wurden mit dem Grund-Versuchsaufbau (Bild 52) durchgeführt. Anoden- und Kathodenfläche entsprachen dem Zellenquerschnitt, so daß ein annähernd homogenes Feld entstand. Es wurden untersucht:

- Potentiodynamische Stromdichte-Potential-Kurven. Dabei liefert der Funktionsgenerator den Sollwert φ(t) des Potentials als Dreiecksignal mit wählbarer Steigung und Amplitude. Ein Potentiostat stellt die Badspannung so ein, daß φ dem Verlauf des Dreiecksignals folgt. Potential φ und Stromdichte i wurden in x-y-Darstellung mit einem Schreiber aufgezeichnet.
- Potentiodynamische Stromdichte-Badspannungskurven mit derselben Versuchseinrichtung; anstelle von φ wurde jedoch die Badspannung U aufgezeichnet.

- Einschaltvorgänge durch oszillographisches Aufzeichnen der Zeitverläufe von i, φ und U.
- Der quasi-stationäre Zustand nach derselben Methode.
- Das Verhalten der Anode mit den beschriebenen Meßmethoden.

9.3 Prüfung technologischer Schichteigenschaften (zu Kapitel 6.3)

9.3.1 Oberflächentopographie

Mit der oben beschriebenen Versuchsanordnung (homogenes Feld) wurden Schichten von ca. 12 µm Dicke mit verschieden modulierten Strömen abgeschieden. Von den Oberflächen wurden REM-Aufnahmen angefertigt, Farbe und Glanz visuell beurteilt. Da primär die Feinstruktur der Oberfläche interessierte, die konventionellen Oberflächenmeßgeräten kaum zugänglich ist, wurde auf Rauheitsmessungen verzichtet.

9.3.2 Abscheidegeschwindigkeit

In derselben Zelle wurde die maximale Stromdichte für eine bestimmte Stromform ermittelt, bei der die Schichten noch ein Minimalkriterium (festhaftend und kohärent) erfüllten. Durch Wiegen der Schichten wurde über die Faraday'schen Gesetze die Stromausbeute berechnet.

9.3.3 Makro-Streufähigkeit

Unter einer Reihe von Methoden zur Streufähigkeitsmessung hat sich die Haring-Blum-Zelle gut bewährt /157, 159, 169/. Die Schichtverteilung auf einem profilierten Werkstück wird hierbei durch zwei unterschiedlich weit von der zentralen Anode entfernte Kathodenbleche simuliert (Bild 53). Liegen die beiden Kathoden auf demselben Potential, so läßt sich aus dem Längenverhältnis der Teilzellen und den abgeschiedenen Metallmengen die Streufähigkeit berechnen:

Streufähigkeit $S = \frac{l^* - m^*}{l^* + m^* - 2}$, wobei $l^* = \frac{l_f}{l_n}$ = Längenverhältnis

$m^* = \frac{m_n}{m_f}$ = Massenverhältnis

Man erhält so Streufähigkeitswerte zwischen -100%, wenn die anodenferne Kathode nicht beschichtet wird, und +100%, wenn auf beiden Kathoden gleich viel abgeschieden wird.
Die Zelle wurde gegenüber der genormten BSI-Zelle auf die Hälfte verkleinert, die Meßwerte jedoch nicht zurückgerechnet /157/. Die zur Kontrolle der Teilströme notwendigen Meßwiderstände R_{mf} und R_{mn} wurden so dimensioniert, daß die durch sie entstehende Potentialdifferenz zwischen K_f und K_n vernachlässigbar war. Geregelt wurde der Strom in der kurzen Teilzelle, I_n, zur Auswertung verwendet aber der Gesamtstrom I_g.

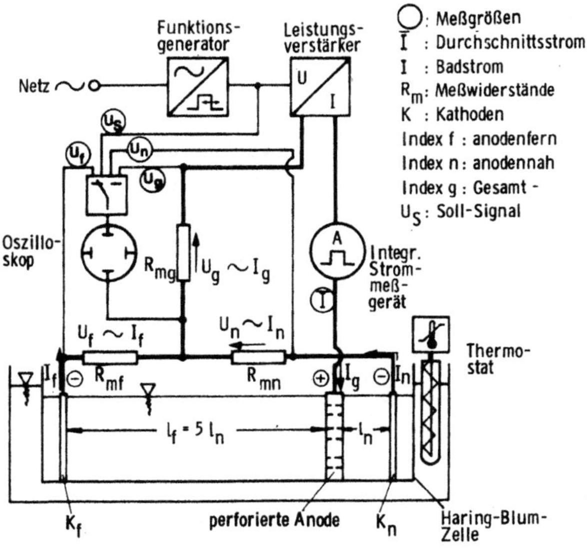

Bild 53: Streufähigkeitsmessung mit der Haring-Blum-Zelle

9.3.4 Makro-Eigenspannungen

Zur Eigenspannungsmessung wurde ein leicht modifiziertes "IS-Meter" nach Dvořák /170, 171/ verwendet. Hierbei wird ein federnd vorgespanntes Messingband beidseitig beschichtet. Weist die Schicht Eigenspannungen auf, so verkürzt oder verlängert sich der gesamte Probestreifen. Die Deformation der Probe, mit einem induktiven Meßtaster gemessen, ergibt ein Maß für die wirkenden Spannungen. Die Messungen wurden über 20 Minuten durchgeführt. Der bequemeren Handhabung wegen wurde anstelle von Band Messingdraht verwendet; die Formel zum Berechnen der Spannungen lautet hierfür:

$$\sigma = \frac{Em_p \cdot r_p^2 \cdot \delta_p}{l_p \cdot d \cdot (2r + d)}$$

,wobei

Em_p: E-Modul des Probenmaterials
r_p: Radius des Probendrahtes
l_p: Länge des Drahtes
d: Schichtdicke
δ_p: Deformation der Probe

Korrekturen für die auftretenden Tangentialspannungen /172/ wurden nicht vorgenommen.

9.3.5 Eigenschaften dicker Schichten

Eine stark profilierte Edelstahlmatrize (Bild 54) wurde im Elektrolyt 1 bis zu einer rechnerischen durchschnittlichen Dicke von 1,2 mm, im Elektrolyt 2 bis zu 3 mm, beschichtet. Die Schichten wurden abgehoben und im metallographischen Querschliff Gefügestruktur, Vickers-Kleinlasthärte und Schichtverteilung beurteilt.

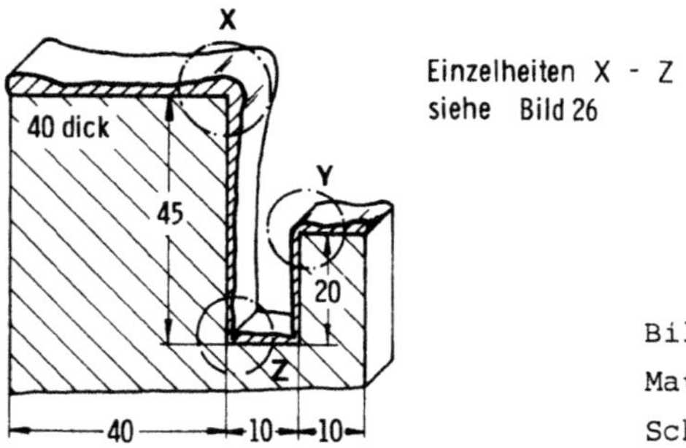

Bild 54:
Matrize zum Herstellen dicker Schichten (Elektrolyte 1 u. 2)

9.4 Vertiefende Untersuchungen (zu Kapitel 7.2)

9.4.1 Stromdichte-Potential-Kurven

Es wurde wieder der in 9.2 beschriebene Aufbau verwendet mit folgenden Änderungen:

- Die quasi-stationären Durchschnittsstrom-Durchschnittspotential-Kurven wurden so aufgenommen, daß dem Verstärker ein konstantes Rechteck-Sollsignal U_s, definiert durch f, T^* und i^* (vgl. Bild 5) vorgegeben wurde. Über ein Motorpotentiometer wurde der Verstärkerfaktor und damit $\bar{i}$ sehr langsam von 0 bis zur Grenzstromdichte verstellt. Die Durchschnittswerte $\bar{i}$ und $\bar{\varphi}$ (die i und φ bei Gleichstromabscheidung entsprechen) wurden über Tiefpässe mit dem x-y-Schreiber aufgezeichnet (Bild 55).

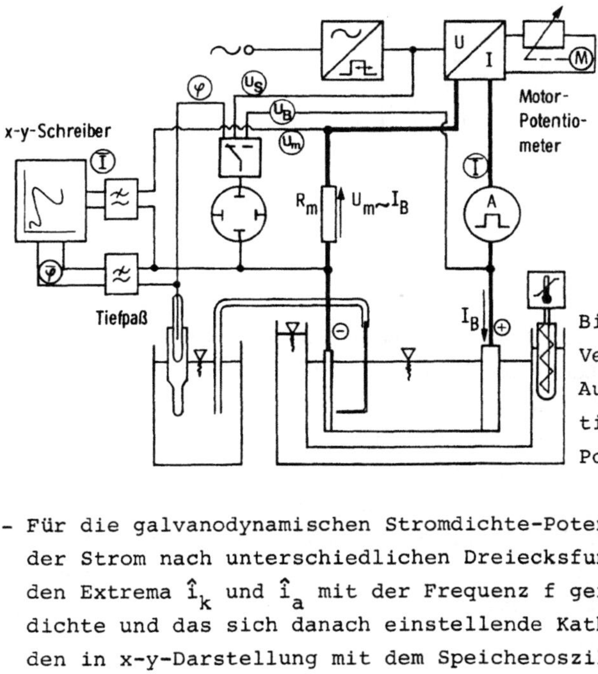

Bild 55: Versuchsschema zur Aufnahme quasi-stationärer Stromdichte-Potential-Kurven

- Für die galvanodynamischen Stromdichte-Potential-Kurven wurde der Strom nach unterschiedlichen Dreiecksfunktionen zwischen den Extrema $\hat{i}_k$ und $\hat{i}_a$ mit der Frequenz f geregelt. Die Stromdichte und das sich danach einstellende Kathodenpotential wurden in x-y-Darstellung mit dem Speicheroszilloskop registriert. Da sich die konventionelle Potentialmessung mit Haber-Luggin-Kapillare als zu träge zum Messen schneller Vorgänge erwies, wurde eine Platinsonde an einem Meßverstärker mit 10^{11} Ohm Eingangswiderstand verwendet. So war eine relativ zuverlässige Messung sehr schneller Vorgänge möglich, was mit dem Nachteil erkauft wurde, daß das Ruhepotential der Sonde gegen Kupfer über größere Zeiträume driftete (Bild 56).

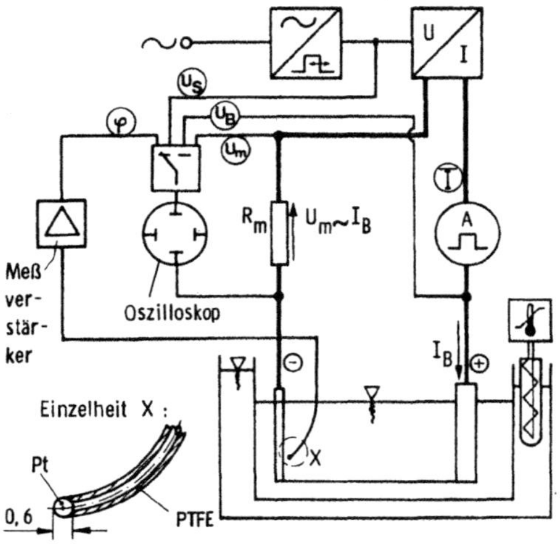

Bild 56:
Versuchsschema zur Aufnahme dynamischer Stromdichte-Potential-Kurven

9.4.2 Einschaltvorgänge

Mit der zuletzt beschriebenen Versuchsanordnung wurden für Einschaltvorgänge des Badstromes Potential-Zeit-Kurven bei unterschiedlichen Betriebszuständen aufgenommen. Neben der qualitativen Analyse des Einschaltvorganges erlauben solche Kurven die Berechnung der Doppelschichtkapazität /138, 139, 140, 173, 174/. Legt man das gängige Ersatzschaltbild für die Kathodengrenzschicht aus parallelgeschaltetem Kondensator und Widerstand (Bild 31) zugrunde, so läßt sich die Doppelschichtkapazität aus der angelegten Stromdichte und der Anfangssteigung der Potentialkurve berechnen:

$$\text{Kapazität } C = \hat{i}_k \,/\, (d\varphi/dt)_{t \approx 0}$$

9.4.3 Aufbau der Diffusionsschicht

Mit Hilfe der Durchlichtinterferometrie ist es möglich, Änderungen im Brechungsindex des untersuchten Mediums sichtbar zu machen. Auch die Verarmung eines Elektrolyten an Metallionen ruft eine Änderung seines Brechungsindex hervor. Durch geeignete optische Anordnung kann man erreichen, daß vorgegebene Interferenzstreifen in der Diffusionsschicht so deformiert werden,

daß sie qualitativ den Verlauf des Konzentrationsgefälles in der Grenzschicht wiedergeben /148, 149, 175/. Trotz einiger Fehlereinflüsse, die eine quantitative Auswertung komplizieren /150/, ist die Untersuchungsmethode für qualitative Aussagen gut geeignet.
Bei den Untersuchungen wurde nach der Methode der holographischen Interferometrie gearbeitet /176, 177/, die gegenüber "klassischen" Methoden wie Mach-Zehnder-Interferometer u. a. einfacher handzuhaben und weniger störanfällig ist. Als Lichtquelle diente ein Argon-Ionen-Laser. Die Abscheidung wurde in einer Küvette von 20 x 35 x 10 mm^3 durchgeführt, die Elektrodenfläche betrug 10 x 30 mm^2.

9.4.4 Kristallisationsuntersuchungen

In der Bedeckungsphase des Substrats lassen sich Keimbildungsvorgänge besonders gut beobachten /145/. Um den Einfluß der Substrattextur auszuschalten, die bei Messing-Substrat sehr stört und wegen der besseren Sichtbarkeit der Keime wurde als Substrat elektropoliertes Edelstahlblech 1.4301 mit 0,1 dm^2 Fläche verwendet. Darauf wurde mit verschiedenen Stromarten jeweils 10, 30 und 180 s Kupfer abgeschieden. Die so erzeugten Schichten wurden makroskopisch nach Färbung, lichtmikroskopisch nach Kristallverteilung und -größe und mit Hilfe von REM-Aufnahmen beurteilt.

9.5 Überprüfen der Laborergebnisse unter Produktionsbedingungen

9.5.1 Vorversuche

Aufbauend auf den Ergebnissen des Elektrolyten 1 wurde in verkürzten Versuchsprogrammen mit den oben beschriebenen Methoden geprüft:

- Oberflächentopographie
- Makro-Streufähigkeit
- Eigenspannungen

- dicke Schichten auf profilierten Modellen. Im Gegensatz zur in 9.3.5 beschriebenen Vorgehensweise wurden hier Kunstharzmodelle etwas geänderter Geometrie verwendet, die auch die Beurteilung von Winkelschwäche und Einebnung erlaubten; die Schichten verblieben auf den Modellen (Bild 57). Die zu beschichtende Fläche wurde mit Silberleitlack aktiviert und mit Gleichstrom bis zur völligen Bedeckung vorbeschichtet.

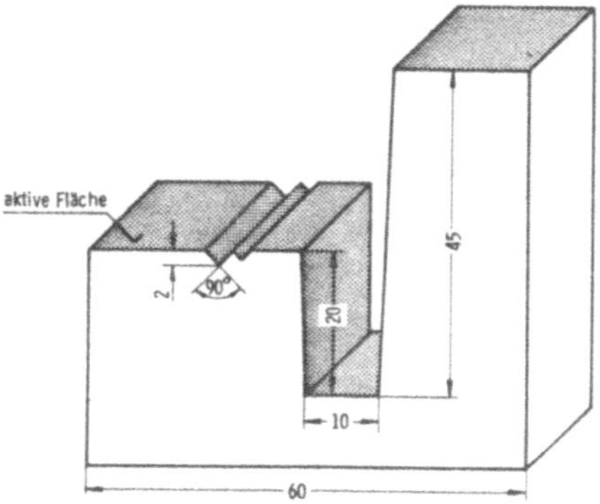

Bild 58:
Matrize zum Abscheiden dicker Schichten (Elektrolyt 3)

9.5.2 Produktionsversuche

Die Beschichtungsversuche erfolgten unter normalen Produktionsbedingungen an zwei bereits zur Produktion verwendeten Gießharzmodellen: Modell 1, ein flaches, geometrisch unkompliziertes Werkstück von ca. 30 dm^2 Fläche mit einem niedrigen umlaufenden Rand; Modell 2, ein geometrisch sehr schwieriges, wannenförmiges Werkstück mit annähernd gleicher Flächen- wie Tiefenausdehnung von ca. 150 dm^2 Fläche (Bild 58).
Die Stromversorgung erfolgte mit einem Impulsstrom-Gleichrichter folgender Leistungsdaten:

$f = 100 \ldots 5$ kHz, $T^* = 1/9 \ldots 9$
$\bar{I}_{max} = 200$ A, $\hat{I}_{k,max} = 1500$ A
$U_{k/a,max} = 10$ V.

Infolge der relativ hohen Induktivität des Laststromkreises erwies sich die Ausgangsspannung als zu niedrig, um alle gewünschten Stromformen einstellen zu können, so daß der Untersuchungsbereich eingeschränkt war.

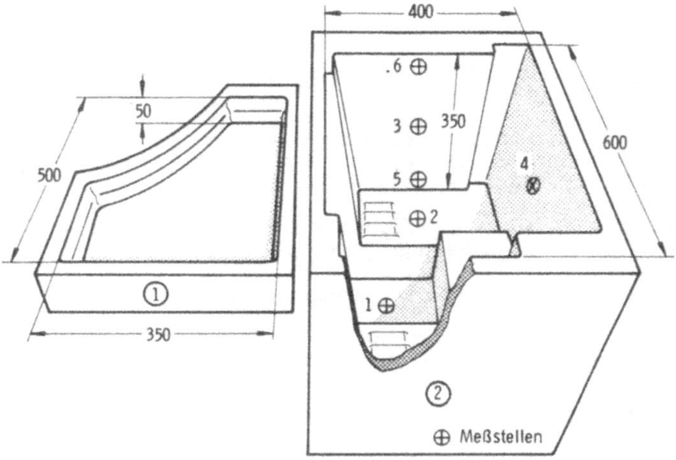

Bild 58: Hauptabmessungen der Badmodelle für die Produktionsversuche

Die Modelle wurden auf eine Mindestschichtdicke von 1,5 mm beschichtet, die mit Ultraschall gemessen wurde. Die technische Verwendbarkeit wurde zunächst nur visuell anhand der Oberflächenstruktur beurteilt.

Mit den kontaktierten und mit Kunstharz hinterbauten Elektroden wurden Erodierversuche durchgeführt. An Hohlzylindern aus Stahl 1.2311 mit 55 mm Außendurchmesser wurde pro Elektrode ein produktionsüblicher Schrupp-, Schlicht- und Feinschlichtgang erprobt. Der Werkzeugstahl 1.2311 gilt als besonders problematisch beim Erodieren. Gemessen wurden Werkzeugverschleiß und Werkstückabtrag anhand der Einsenktiefen. Wegen der unzureichenden Meßgenauigkeit dieser Versuche wurden im Labor vergleichende Untersuchungen an einer Klein-Erodiermaschine durchgeführt. Werkstücke und Elektroden wurden dabei zur Auswertung gewogen. Nach den Erodierversuchen wurden die Elektroden im metallographischen Querschliff ausgewertet.

10 Literaturverzeichnis

/1/ Czichos,H.: Funktionale Aufgaben technischer Oberflächen. VDI-Berichte 449(1982), S.13-21.

/2/ Zerweck, K. u. Th. Bolch: Galvanotechnik im Gespräch mit Konstruktion, Arbeitsvorbereitung und Fertigung. VDI-Berichte 449(1982), S.41-50.

/3/ Pinner,R.: Galvanische Überzüge aus Kupfer und Kupferlegierungen unter Einbeziehung der Galvanoplastik und Elektroformung. Schriftenreihe Galvanotechnik, Saulgau 1965.

/4/ Esih,I.: Galvanoplastik löst Spanen ab. MM-Industriejournal 77(1971)88, S.1987-1989.

/5/ N.N.: Galvanoformung. Galvanotechnik 64(1973)2, S.117-120.

/6/ Rammenzweig,D. u. Rohde,G.: Verfahrenstechniken der Galvanoplastik. Galvanotechnik 63(1974)10, S.836-846.

/7/ Weiler,G.G.: Galvanoformung zur Herstellung großer Erodierelektronen. Stuttgart, Universität, Dr.-Ing.-Diss.,1975.

/8/ Dettner, H.W. u. J. Elze: Handbuch der Galvanotechnik. Bd. I + II, München 1964.

/9/ Wiesner,H.J. u. W.P.Frey : Some mechanical properties of copper electrodeposited from pyrophosphate and sulfate solutions. Plating and Surface Finishing 66(1979)2, S.51-56.

/10/ Farkas,S. u. F.Haskó: Saure Verkupferung. Galvanotechnik 64(1973)3, S.193-195.

/11/ Rashkov,S. u. D.S.Stoichev: Saure Kupferbäder. Galvanotechnik 71(1980)3, S.225-229.

/12/ Spiro,P.: Einige galvanotechnische Probleme der galvanoplastischen Formenherstellung. Metalloberfläche 14(1960)4, S.118-123.

/13/ Osterwald,J.: Einebnung und Aufrauhung durch Inhibitoren und Katalysatoren. Oberfläche Surface 17(1976)5, S.89-94.

/14/ El Ghandour, M.F.M. u. M.S. Morsi: Einfluß von Harnstoff und anderen Zusätzen, sowie der Herstellungsbedingungen auf die elektrolytische Abscheidung von Kupfer aus Kupfersulfatbädern. Metalloberfläche 33(1979)1, S.9-16.

/15/ Lamb, V. A. u. Valentine,D.R.: Physical and Mechanical Properties of Electrodeposited Copper. Plating and Surface Finishing 52(1965)12, S.1285-1311.

/16/ Riedel,W.: Einfluß von Struktur und Fremdstoffen auf die mechanischen Eigenschaften von Überzügen. Galvanotechnik 71(1980)3, S.222-224.

/17/ Safranek,W.H. u. C.H.Layer: Fast rate electrodeposition. Transactions of the Institute of Metal Finishing 53(1975)2, S.121-125.

/18/ Hart, A.C.: Galvanisieren mit hoher Abscheidungsgeschwindigkeit. Metalloberfläche 32(1978)9, S.377-381.

/19/ Robinson,D.J. u. D.R.Gabe: High Speed Electrodeposition of Copper from Conventional Sulphate Electrolytes. Transactions of the Institute of Metal Finishing 48(1970),S.35-42.

/20/ Jernstedt, G.W.: PR plating - A new tool for electroplaters. Westinghouse Engineer (1947)5, S. 89-92.

/21/ Gerber, E.: Über periodische Stromumkehr. Metalloberfläche 6(1954)11, S. 9.

/22/ Slomin, G.W.: Plating improved with reverse current techniques. The Iron Age (1957)2, S. 94-96.

/23/ Mertens, F.R.: Galvanische Metallabscheidung mit Stromrichtungswechsel. Jahrbuch Oberflächentechnik 10(1954), S.209.

/24/ Beckmann,M.E. u. F.Maas-Graefe: Einfluß der Welligkeit von gleichgerichtetem Wechselstrom auf das Wachstum galvanischer Niederschläge. Metalloberfläche 5(1951)11, S.A161-A169.

/25/ Avila,A.J.: New developments in pulsed current. Proceedings of the AES Second International Symposium on Pulse Plating, Rosemont (1981).

/26/ Dini, J.W.: Periodic reverse plating. Review of recent literature. Metal Finishing (1963)7, S. 52-58.

/27/ Jernstedt, G.J.: Brighter finishes via P.R. Plating. Westinghouse Engineer (1950)5, S. 139-143.

/28/ Jernstedt, G.W.: Leveling with PR current plating. 37th Annual Proceedings, AES (1950), S. 151- 170.

/29/ Jernstedt, G.W. u. M. Ceresa: Electroplating nickel and cobalt with periodic reverse current. U.S. Patent 2, 470, 775 vom 9.7.1947.

/30/ Jernstedt, G.W.: Periodic reverse current electroplating. Steel (1947)4, S. 100-134.

/31/ Jernstedt,G.W. u. J.D.Patrick: Process of electrodeposition of metals by periodic reverse current. U.S.Patent Nr. 2678909,(1954).

/32/ Jernstedt,G.W.: Electroplating. U.S.Patent Nr.2451430, (1948).

/33/ Jernstedt,G.W. u. N.J.Belleville: Electroplating. U.S.Patent Nr 2451431,(1948)

/34/ Bregman, A.: Periodic reverse - current electroplating. Metal Progress (1950)8, S. 199-263.

/35/ Heiling, H.M.: Die technischen Grundlagen der cyanidischen Verkupferung nach dem Umpolverfahren. Jahrbuch Oberflächentechnik 12(1956)32, S. 223-711.

/36/ Halls, E.E.: Periodic reverse current electroplating. Product Finishing 16(1952)8, S. 61-73.

/37/ Hausner, J.K.: Electroplating. U.S.Patent 2,824,830, 1958.

/38/ Ostroumov,V.V. u. I.F.Plotnikova: Influence of chloride-ion admixtures on the deposition of copper by periodically reversed current. Journal of Applied Chemistry 30(1957), S.1655-1659.

/39/ Ostroumov, V.V. u. I.F. Plotnikova: Some properties of electrolytic copper deposits formed from acid electrolytes by means of periodically reversed current. Journal of Applied Chemistry 32(1959), S. 330-333.

/40/ Dettner,H.W.: Electrodeposition of Copper from Cyanide Baths with Levelling. Metalloberfläche 15(1961)12, S. 367-369.

/41/ Papkov, A.P. u. A.T. Vagramyan: On the mechanism of electrodeposition of metals with current of changing direction. Plating 46(1959)2, S. 157.

/42/ Bachvalov, G.T.: The influence of the reversal of current on the internal stress of the electrodeposited coating and on the uniformity of the metal on the cathode. Plating 46 (1959)2, S. 157.

/43/ Oserow, A.M. u. I.W. Eremina: Anwendung von asymmetrischem Wechselstrom. Galvanotechnik 51(1960)12, S. 606-613.

/44/ Sutyagina, A.A. u. K.M. Gorbunova: Nickel plating in the presence of an alternating current. Russian Journal of Physical Chemistry
I: Vol. 33(1959) 9, S. 248-251.
II:Vol. 33(1959)10, S. 316-320.

/45/ Ostroumov,V.V. u. I.F.Plotnikova: Deposition of copper from acid electrolytes by means of periodically reversed current. Journal of Applied Chemistry 30(1957), S.1504-1509.

/46/ Marchese,V.J.: Stress reduction of electrodeposited nickel. Journal of the Electrochemical Society 99(1952)2, S,39-43.

/47/ Heiling, H.M.: Der Mechanismus der Einebnung bei der cyanidischen Verkupferung nach dem Westinghouse-PR-(Umpol)-Verfahren. Metall 9(1955)9, S.764-767.

/48/ N.N.: Interest surges worldwide for pulse plating. Plating and Surface Finishing (1979)6, S.36-39.

/49/ Grünwald, E. u. T. Bereczky: Einfluß des Stromumpol-Verfahrens auf die Glanzbildung. Galvanotechnik 63(1972)3, S. 218.

/50/ Schulz-Harder, J.: Ein neuer Mechanismus des Einflusses von Badzusätzen auf die Stromdichteverteilung bei der Metallabscheidung auf rauhen Kathoden und seine experimentelle Begründung. Dr.-Ing.-Dissertation, TU Berlin 1971.

/51/ Perger, G. u. P.M. Robinson: Pulse Plating - Retrospects and Prospects. Metal Finishing 57(1979)12, S.17-19.

/52/ Lendvay, J. u. Ch.J. Raub: Mechanische Eigenschaften von elektrolytisch abgeschiedenen Goldüberzügen. Metalloberfläche 29(1975)4, S.165-167.

/53/ Viswanathan, M. und Ch. Raub: Einfluß von pulsierendem Gleichstrom (pulse plating) auf die Eigenschaften galvanischer Nickelüberzüge. Galvanotechnik 66(1975)4, S. 277.

/54/ Fleischmann, P. u. J.Mann: Umpolen in sauren Cu-Bädern. PFT-Bericht, KfK-PFT 10. Karlsruhe 1982.

/55/ Weiler, G.G. u. T. Bolch: Stromumpolen zum Beschleunigen der Abscheidungsgeschwindigkeit beim Galvanisieren. Metalloberfläche 30(1976)5, S. 205-252.

/56/ Paatsch,W.: Pulse-Plating. Galvanotechnik 70(1979)11, S.1111-1115

/57/ Crossley,J.A. u. R.J.Kendrick: The structure of nickel deposited from an all-chloride solution by square-wave alternating current. Transactions of the Institute of Metal Finishing 45(1967), S.58-63.

/58/ Ibl,N.: Plating with pulsed current. Proceedings of Interfinish, Kyoto 1980, S.9-16.

/59/ Spiro,P.: Periodic Reverse Versus D.C.Cyanide Copper Plating in Copper Electroforming. Electroplating and Metal Finishing 21(1968)7, S.225-229.

/60/ Pinkerton,H.L. u. J.W.Smith: PR copper cyanide plating of printed wiring boards. Plating 59(1972)7, S.672-676.

/61/ Wan, C.C. u.a.: The Application of Pulsed Plating Techniques to Metal Deposition.
Plating and Surface Finishing 61(1974)6, S.559-563 (Teil I)
64(1977)5, S.66-67 (Teil II)
64(1977)7, S.42-44 (Teil III)
64(1977)9, S.44-46 (Teil IV).

/62/ Savic-Maglič, G. u. A.R. Despič: Pulsating potential electrolysis in the deposition of copper. Electrodeposition Surface Treatment, 1(1972/73), S.429.

/63/ Ozerov,A.M. u.a.: Electrolysis by pulsating current. Journal of Applied Chemistry 40(1967)5, S.1101-1103

/64/ Gurovich,R.I. u. A.K.Krivtsov: Copper and zinc plating by pulsating current. Journal of Applied Chemistry 41 (1968)6, S.1166-1170

/65/ Popov,K.J. u.a.: The relationship between the effective current density and the effective overpotential in copper deposition by the pulsating potential. Journal of Applied Electrochemistry 4(1974), S.267

/66/ Lamb,V.A.: Electroplating with Current Pulses in the Microsecond Range. Plating 56(1969)8, S. 909-913.

/67/ Ng,H.K. u.a.: Deposition of Copper in Cylindrical Pores by a Pulse Plating Technique. Journal of the Electrochemical Society 127(1980)5, S.1034-1041.

/68/ Schenk,H.J.: Beitrag zur Kenntnis der elektrolytischen Kupferabscheidung mit pulsierenden Strömen. Zürich, ETH, Dissertation 5566, 1975.

/69/ Sheshadri, B.S. u. T.H. Setty: The effect of alternating current on the morphology of electrodeposited copper. Electrodeposition and Surface Treatment 2(1973/74), S. 223

/70/ Olson, R.: Applications of pulse plating. Products Finishing 40(1976)4, S. 69-70

/71/ Batashev,K.P.: Reverse Current in the Plating of Bright Copper from Acid Electrolytes. Theory and Practice of Bright Electroplating, Jerusalem 1963, S.170-175.

/72/ Rehrig,D.L. u.a.: The influence of the current waveform on the morphology of pulse electrodeposited gold. Plating and Surface Finishing (1977)12, S.40-44.

/73/ Raub,C.J. u. A.Knödler: Pulse-Plated gold. Plating and Surface Finishing 65(1978)9, S.32-34

/74/ Knödler,A.: Das Pulse-Plating-Verfahren beim Vergolden. Stand und Ausblick. Galvanotechnik 72(1981)11, S.1167-1173

/75/ Branik,M. u. R.Schnabl: Hartgoldschichten abgeschieden mit Pulsstrom und ihre Eignung für Steckverbinder. Metalloberfläche 33(1979)9, S.350-354

/76/ Angerer, H.F.: Beitrag zur Kenntnis der elektrolytischen Hartgoldabscheidung mit pulsierenden Strömen. Zürich, ETH, Dissertation 6213, 1978.

/77/ Knödler, A.: Galvanische Hartvergoldung. Galvanotechnik 68 (1977)5, S. 383-391.

/78/ Reid, F.H.: Der Einfluß von Stromimpulsen auf die physikalischen Eigenschaften von elektrolytisch abgeschiedenen Gold-Kobaltschichten. Metalloberfläche 30(1976) 10, S. 453-459.

/79/ Blair,A.: Überlegungen zum Vergolden mit Pulsstrom. Metalloberfläche 34(1980)5, S.201-205.

/80/ Morioka,S.: Electrolytic Refining of Copper at High Current Density. Bulletin of the Research Institute of Mineral Dressing and Metallurgy 25(1970)2, S.151-158.

/81/ Kleinekathöfer,W.: Die Eigenschaften von mit pulsierendem Gleichstrom (Pulse Plating) abgeschiedenem Nickel. Metalloberfläche 36(1982)9, S.411-420.

/82/ Kampschulte, G. u. J. Mann: Abscheidung von Nickel-Schichten mit modulierten Strömen. Metall 37(1983)10, S. 1006-1016.

/83/ Tai-Ping Sun u.a.: Plating with pulsed and periodic-reverse current. Metal Finishing (1979)5, S.33-38.

/84/ van den Broek, W.H. u.a.: De toepassing van PR-plating in zurenikkelbaden. Chemisch Weekblad 51(1955)2609, S. 907-911.

/85/ Jeney, I. u. B. Lengyel: The effect of superimposed alternating current on the hardness, internal stress and texture of nickel desposited from sulphamate electrolytes. Transactions of the Institute of Metal Finishing 54(1976), S. 31-34.

/86/ Nanev, C.H. u.a.: The kinetics of levelling during bright copper plating. Surface Technology 11(1980), S. 117-127.

/87/ Kostin,N.A. u.a.: Zinkabscheidung mit Stromumpolung. Galvanotechnik 71(1980)3, S.15.

/88/ Paatsch,W.: Zinkabscheidung durch Pulse-Plating. Galvanotechnik 71(1981)2, S.107-111.

/89/ Schreiner,H. u. Ch.-J.Raub: Das Korrosionsverhalten von mit pulsierendem Gleichstrom abgeschiedenen rißfreien und mit geglättetem Gleichstrom hergestellten rissigen Chromschichten. Metalloberfläche 34(1980)9, S.357-361.

/90/ Nover,G. und Ch.J.Raub: Der Einfluß von Hartchromschichten mit unterschiedlichen Eigenschaften auf den Korrosionsverschleiß und die Schwingungsrißkorrosion von Stahl. Metalloberfläche 35(1981)9, S.319-329.

/91/ Saiddington,J.C.: Effect of Plating Interruptions on the Surface Appearance of Electrodeposited Chromium. Plating and Surface Finishing 65(1978)1, S. 45-49.

/92/ Knödler,A.: Der Einfluß von Gleichstromwelligkeit auf die galvanische Abscheidung von Metallen. Tijdschrift voor Oppervlaktetechnieken van Metalen 14(1970)5,S.156-179.

/93/ Schtschigorjew,I.G. u. W.J.Pisarew: Tiefenstreuung bei der Abscheidung mit Stromumpolung. Galvanotechnik 67(1976)10, S.75.

/94/ Rosebrugh, T.R. u. W.L. Miller: Mathematical theory of the changes of concentration at the electrode, brought about by diffusion and by chemical reaction. J. Phys. Chem. 14(1910), S. 816-884.

/95/ Mechandjew, M.R.: Bedeutung der Diffusionsschichtformierung bei der Impulsstromelektrolyse nach der Thermodynamik der Akkumulationsprozesse. Metalloberfläche 31(1977)7, S. 303

/96/ Despic, A.R. u. K.I. Popov: The effect of pulsating potential on the morphology of metal deposits obtained by mass-transport controlled electrodeposition. Journal of Applied Electrochemistry 1(1971), S. 275-278.

/97/ Remick,A.E. u. R.A.Marcus: Mathematical Treatment of reversible electron transfer with alternating voltage control and distorted current. Journal of the Electrochemical Society 109(1962)7, S.628-634.

/98/ Kudryavtsec, N.T. u.a.: Effect of periodic reversals of the current upon concentration polarisation. Russian Journal of Physical Chemistry 35(1961)7, S.740-743.

/99/ Cheh, H.Y.: The limiting rate of deposition by P-R plating. Journal of Electrochemical Society 118(1971)7, S. 1132-1133.

/100/ Ibl,N u.a.: Electrocrystallization in pulse electrolysis. Surface Technology 6(1978), S.287-299.

/101/ Ibl,N.: Zur Kenntnis der Metallabscheidung mittels Pulselektrolyse. Metalloberfläche 33(1979)2, S.51-59.

/102/ Hickling,A., u. H.P.Rothbaum: Cyclic electrolysis Transactions of the Institute of Metal Finishing 34(1957), S. 53-66 (Teil I)
S.199-221(Teil II)

/103/ Wan,C.C.: A study of electrochemical kinetics of copper deposition under pulsed current conditions. Journal of Applied Electrochemistry 9(1979), S.29-35

/104/ Puippe,J.Cl. u.a.: Electrodeposition par impulsions de courant. Oberfläche-Surface 20(1979)4, S.77-85

/105/ Ibl,N.: Some theoretical aspects of pulse electrolysis. Surface Technology 10(1980), S.81-104

/106/ Fischer, H. u.a.: Oszillographische Studien zur irreversiblen Polarisation der kathodischen Nickelabscheidung. Zeitschrift für Elektrochemie 59(1955)5, S. 440-448.

/107/ Popov,K.I. u.a.: The effect of pulsating potentional electrolysis on the porosity of metal deposits. Journal of Applied Electrochemistry 7(1977),S.185-188

/108/ Popov,K.J. u.a.: Fundamental aspects of pulsating current metal electrodeposition. Surface Technology 11(1980), S.99-109 (Teil I)

11(1980), S.111-116 (Teil II)
14(1981), S.323-333 (Teil III)
15(1982), S.161-165 (Teil IV).

/109/ Puippe,J.Cl. u. N.Ibl: The morphology of pulse-plated deposits. Plating and Surface Finishing (1980)6, S.68-72

/110/ Abdo,M.S.E. und T.Z. Fahidy: Using Current Response Graphs To Predict Cathode Deposit Quality In Rectified Square-Wave Electrolysis. Plating and Surface Finishing 19(1982)1, S.73-75

/111/ Bertha,J. u.a.: PCR Technique in Electrolytic Copper Refinement and a new Environment friendly way for the Extraction of a Valuable Metals from Electrolyte Solutions. Electrolytic Copper Refinement 32(1979)7/8, S.335-337.

/112/ Fischer,K.G. u.a.: Application of periodic current reversal (P.C.R.) to electrolytic copper refining at Mufulira. Transaction of the Institute of Mining Metals Sect.C 80(1971)12, S.250-261

/113/ Yokoyama,K. u.a.: Advantages of Pulse Anodizing. Plating and Surface Finishing 69(1982)7, S.62-65.

/114/ Sanford Process Corporation: The new Sanford Plus aluminium hardcoat process. Sanford Corporation,USA

/115/ Nikolev,A.V. u.a.: Effect of alternating current on the electrochemical polishing of metals. Electron. Obrobot. Mat. (1978)2, S.60-64

/116/ Puippe,J.C. u.a.: Le rôle des impulsions de courant en polissage anodique. Sonderdruck aus Oberfläche-Surface 19(1978)12.

/117/ Fischer,H.: Elektrolytische Abscheidung und Elektrokristallisation von Metallen. Berlin/Göttingen/Heidelberg (1954)

/118/ Erdey-Grûz,T.: Kinetik der Elektrodenprozesse. Akadêmiai Kidaó,Budapest 1975

/119/ Ibl,N.: La distribution du courant dans l'electrolyse. Surface 16(1975)2, S.23-32

/120/ Raub, E. u. K.Müller: Über die Streufähigkeit galvanischer Bäder. Metalloberfläche 15(1961)9, S.262-264 (Teil I)
10, S.293-301 (Teil I)

/121/ Kardos,O.: Current distribution on Microprofiles. Plating (1974)2, S. 129-137 (Teil I)
3, S. 229-237 (Teil II)
4, S. 316-324 (Teil III)

/122/ Weil,R.: The Origins of Stress in Electrodeposits. AES Research Report 60 , East Orange 1971.

/123/ Kushner, J.B.: Stress in Electrodeposited Metals: 115 Years Later. Plating 60(1973)12, S. 1246-1251.

/124/ Binder,H.: Eigenspannungen in galvanischen Niederschlägen. Metalloberfläche 17(1963)9, S. 263-270, (Teil I) 17(1963)1o,S. 295-300, (Teil II).

/125/ Retzlaff, G. u.a.: Statistische Versuchsplanung. 2.Auflage, Weinheim / New York 1978.

/126/ Merz, H. u.a.: Versuche wirksam planen und durchführen. Lehrgangsskript 4855 der Technischen Akademie Esslingen,1980

/127/ Ibl,N.: Diffusionsschichten - Einfluß des Stofftransports auf die Struktur elektrolytischer Niederschläge. Galvanotechnik + Oberflächenschutz 7(1966)11, S.256-270.

/128/ Braun, M. u. N. Ibl: Erzeugung glatter Kupferniederschläge unter Grenzstrombedingungen. Oberfläche 14(1973)3, S. 49-52.

/129/ Jürging, K.: Untersuchungen über die elektrolytische Abscheidung und Auflösung von Silber und Kupfer in wässriger Lösung. Stuttgart, Techn.Hochsch., Dissertation 1960.

/130/ Wagner, E. u. H.Speckhardt: Abscheidungseigenspannungen von Nickeldispersionsschichten. Metalloberfläche 30(1976)4, S.175-180.

/131/ Gorbunova,K.M. u. Z.A.Tkachik: Copper Electrocrystallization Mechanism according to morphological Data and Impedance Measurements. Electrochimica Acta 16(1971), S.991-200.

/132/ Puippe,J.C.: Le rôle des impulsions de courant en electrocristallisation. Zürich, ETH, Dissertation 6225, 1978.

/133/ Popov,K.I. u.a.: The Effect of Periodic Reverse Current on the Surface Roughness of Metal Deposits and the Maximal Deposition Rate Surface Technology, 16(1982), S. 209-218.

/134/ Ibl,N.: Current Distribution in Pulse Plating. Proceedings of the AES Second Symposium on Pulse Plating, Rosemont (1981).

/135/ Weiner,R.: Zur Theorie des anodischen Polierens. Metalloberfläche 27(1973)12, S. 441-447.

/136/ Wagner,C.: Contribution to the theory of electroplating. Journal of the Electrochemical Society 101(1954)5, S. 225-228 .

/137/ Cheh,H.Y.: Electrodeposition of gold by pulsed current. Journal of the Electrochemical Society 118(1971)7, S. 551-557.

/138/ Kortüm,G.: Lehrbuch der Elektrochemie, Weinheim 1970.

/139/ Wöbking, H.: Impedanzmessungen an Kupferkathoden. Metalloberfläche 30(1976)3, S. 121-127.

/140/ Hilbert,F.: Meßanordnung und Bezugselektroden für elektrochemische Impulsmessungen nach dem Dreielektrodenverfahren. Metalloberfläche 30(1976)8, S.376-379.

/141/ Puippe, J.Cl. u. N. Ibl: Limitation of Useful Range of Conditions in Pulse Plating due to Capacity Effects. Proceedings of the AES Second Symposium on Pulse Plating, Rosemont (1981).

/142/ Lorking,K.F.: Some electrode processes on copper anodes in orthophosphoric acid solution. Electrochimica Acta 7(1962), S.101-110.

/143/ Osterwald, J. u. H. Schulte: Rauhe Metallniederschläge. Galvanotechnik 67(1976)6, S. 440-443.

/144/ Ehrhardt, J. u. H.Nowacki: Anwendung des Pulse-Plating-Verfahrens zur Vergoldung von Steckverbindern. Metalloberfläche 36(1982)9, S.405-410.

/145/ Schmidt,C. u.a.: Untersuchungen zur Wirkung von Impuls-Strömen auf die Keimbildung von Kupfer an Edelstahl und Titan. Berichtsband der 5.Fachtagung Galvanotechnik(1973) Leipzig, S.1-9.

/146/ Korai,Y. u.a.: Morphology and crystal growth of copper deposits on a copper electrode. Surface Technology 7(1978), S.331-343.

/147/ Seiter, H., H. Fischer und L. Albert: Elektrochemisch-morphologische Studien zur Erforschung des Mechanismus der Elektrokristallisation, fern vom Anfangszustand. Electrochimica Acta, 5(1960)2, S. 97-120.

/148/ Ibl, N. u. R. Müller: Optische Untersuchungen der Diffusionsschicht und der hydrodynamischen Grenzschicht an belasteten Elektroden. Zeitschrift für Elektrochemie 59(1955)7/8, S. 671-676.

/149/ Tvarusko,A. u. Watkins L.S.: Laser interferometric study of the diffusion layer at a vertical cathode during non-steady-state conditions. Electrochimica Acta 14(1969)8.

/150/ Müller, R.H.: Double Beam Interferometry. In: Advances in Electrochemistry and Electrochemical Engineering Vol. 9, Hrsg. P. Delahay, C. Tobias, 1975.

/151/ Pilla,A.A.: A transient impedance technique for the study of electrode kinetics. Journal of the Electrochemical Society 117(1980)4, S.467-477.

/152/ Schmidt,C. u.a.: Zur Auswertung galvanostatischer Einschaltmessungen bei der Kupferabscheidung mittels der Transformation-Impedanzspektrometrie. Manuskript der Fachtagung Galvanotechnik der Kammer der Technik der DDR 1979, S.63-66.

/153/ Popov,K.I.: Dendritic electrocrystallization and the mechanism of powder formation in the potentiostatic electrodeposition of metals. Journal of Applied Electrochemistry 11(1981)5, S. 239-246.

/154/ Diggle,J.W. u.a.: The Mechanism of the Dendritic Electrocrystallization of Zink. Journal of the Electrochemical Society 116(1969)11, S.1503-1514.

/155/ Barton,J.L. u. J.O'M.Bockris: The electrolytic growth of dendrites from ionic solutions. Proceedings of Royal Society 268(1962)A, S.485-505.

/156/ Popov,K.J. u.a.: Formation of powdered copper deposits by squarewave pulsating overpotential. Journal of Applied Electrochemistry 50(1977)7, S.331-337.

/157/ Weiler, G.G. u. K. Zerweck: Beeinflussung der Streufähigkeit in sauren Kupferelektrolyten. Metalloberfläche 29(1975)3, S. 111-118.

/158/ Notley, J.M.: Corner Weakness in Nickel Electroforms. Transactions of the Institute of Metal Finishing 50 (1972), S.6-10.

/159/ Raub,E: Messung und Bedeutung der Streufähigkeit galvanischer Bäder. Galvanotechnik+Oberflächenschutz 4(1963)3, S.60-76.

/160/ Ibl, N.: Die Rolle des elektrolytischen Stoff- und Ladungstransports in der Elektrometallurgie. Erzmetall 22(1969), S. 87-98.

/161/ Spiro,P.: Einige galvanotechnische Probleme der galvanoplastischen Formherstellung. Metalloberfläche 14(1960)4, S.B54-B59.

/162/ Ibl, N.: Galvanoplastie au Courant Pulsé. Surfaces 139, S.45-49.

/163/ Robert, M.F.: Progrès récents en matière de developpement technologique des générateurs de courants pulsés. Surfaces 128, S.75-77.

/164/ Steiner,J.: Trockengleichrichter in der Galvanotechnik. Zeitschrift für Elektrochemie 54(1950)4, S.307-314.

/165/ Eckardt,H.-J.: Gegenüberstellung von Umrichter und Umformer bei 10 kHz. ZwF 74(1979)3, S.143-147.

/166/ Robert,E.: Pulse Plating generators, various waveforms and industrial limitations. Proceedings of the AES Second International Symposium on Pulse Plating, Rosemont (1981).

/167/ Osero,N.M. u. Luckraft,A.L.: Specifications, applications and future development of pulse plating equipment. Proceedings of the AES Second International Symposium on Pulse Plating, Rosemont (1981).

/168/ Avila,A.J.: The sine wave pulse plater. Proceedings of the International Pulse Plating Symposium, Boston (1979).

/169/ Korpiun, J.: Zur Kennzeichnung der Streufähigkeit galvanotechnischer Elektrolyte nach Messungen mit der Haring-Blum-Zelle. Metalloberfläche 31(1977)2, S. 118-121

/170/ Dvořák,A.: Die Messung der Eigenspannung dünner galvanischer Überzüge. Metalloberfläche 31(1977)2, S.59-63

/171/ Dvořák,A., J.Prusek und L.Vrobel: Möglichkeiten zur Messung der Eigenspannung galvanischer Überzüge. Metalloberfläche 27(1973)8, S.284-288

/172/ Gabe, D.R. u. J.M.Sykes: Dilatometric measurement of internal stresses in electrodeposits. Transactions of the Institute of Metal Finishing 51(1973)2, S.39-40.

/173/ Ibl, N. u. J.Cl. Puippe: Mass transfer and double layer effects in pulse electrolysis. Proceedings of the International Pulse Plating Symposium, Boston 1979.

/174/ McMullen, J.J. u. N.Hackerman: Capacities of solid metal-solution interfaces. Journal of the Electrochemical Society 106(1959)4, S.341-346

/175/ Ibl,N u.a.: Interferometrische Untersuchungen der Diffusionsschicht I. Helvetica Chimica Acta 37(1954)70, S.583-597.

/176/ Panknin,W.: Eine holographische Zweiwellenlängen-Interferometrie zur Messung überlagerter Temperatur- und Konzentrationsgrenzschichten. Hannover, Dr.-Ing-Dissertation 1977.

/177/ Panknin W.: Einige Techniken und Anwendungen der holographischen Durchlichtinterferometrie. CZ-Chemie-Technik Sonderdruck 3(1974), S. 219-225.

/178/ Vetter,K.J.: Elektrochemische Kinetik. Berlin 1961.

/179/ Strauß,W.: Grenzflächenaktive Substanzen in der Galvanotechnik. Tenside 3(1966)5, S.144-150.

/180/ Wöbking, H. u. H. Wörz: Theoretische Grundlagen und praktische Auswirkungen des PCR- Verfahrens in der Kupferraffinationselektrolyse. Erzmetall 32(1979)2, S. 53-57.

IPA Forschung und Praxis

Schriftenreihe aus dem Institut für Produktionstechnik und Automatisierung, Stuttgart

Herausgeber: Prof. Dr.-Ing. H. J. Warnecke

Datenerfassung im Produktionsbereich
Von E. Bendeich. ISBN 3-7830-0117-8.
1977, 176 Seiten, kartoniert. 54,— DM

Methodenauswahl für die Materialbewirtschaftung in Maschinenbau-Betrieben
Von H. Graf. ISBN 3-7830-0136-6.
1977, 144 Seiten, kartoniert. 54,— DM

Systematische Auswahl von Förderhilfsmitteln für den innerbetrieblichen Materialfluß
Von W. Rau. ISBN 3-7830-0139-0.
1977, 103 Seiten, kartoniert. 40,— DM

Grundlagen zur Planung von Ersatzteilfertigungen
Von E. Schulz. ISBN 3-7830-0138-2.
1977, 98 Seiten, kartoniert. 40,— DM

Rechnerunterstützte Fabrikplanung
Von B. Minten. ISBN 3-7830-0116-1.
1977, 124 Seiten, kartoniert. 38,— DM

Eine Planungsmethode für automatische Montagesysteme
Von H.-G. Löhr. ISBN 3-7830-0120-X.
1977, 108 Seiten, kartoniert. 32,— DM

Planung und Bewertung von Arbeitssystemen in der Montage
Von H. Metzger. ISBN 3-7830-0131-5.
1977, 108 Seiten, kartoniert. 40,— DM

Klassifizierungssystem für Prüfmittel der industriellen Längenprüftechnik
Von R. Czetto. ISBN 3-7830-0144-7.
1978, 181 Seiten, kartoniert. 64,— DM

Rechnerunterstützte Montageplanung
Von O. Hirschbach. ISBN 3-7830-0149-8.
1978, 146 Seiten, kartoniert. 52,— DM

Rechnerunterstützte Entwicklung von Simulationsmodellen für Unternehmensplanspiele
Von A. Moker. ISBN 3-7830-0147-1.
1978, 181 Seiten, kartoniert. 64,— DM

Arbeitsplatzanalysen zur Ermittlung der Einsatzmöglichkeiten und Anforderungen an Industrieroboter
Von G. Herrmann. ISBN 37830-0151-X.
1978, 113 Seiten, kartoniert. 40,— DM

MFSP — Ein Verfahren zur Simulation komplexer Materialflußsysteme
Von G. Stemmer. ISBN 3-7830-0118-8.
1977, 140 Seiten, kartoniert. 60,— DM

Berührungslose Erkennung durch Positionsbestimmung von Objekten durch inkohärent-optische Korrelation
Von M. König. ISBN 3-7830-0137-4.
1977, 110 Seiten, kartoniert. 40,— DM

Auslegung von Störungspuffern in kapitalintensiven Fertigungslinien
Von R. v. Stetten. ISBN 3-7830-0140-4.
1977, 154 Seiten, kartoniert. 56,— DM

Flexible Transportablaufsteuerung
Von G. Römer. ISBN 3-7830-0114-5.
1977, 188 Seiten, kartoniert. 60,— DM

Rechnergestützte Realplanung von Fabrikanlagen
Von T.-K. Sauter. ISBN 3-7830-0119-6.
1977, 108 Seiten, kartoniert. 32,— DM

Systematisches Auswählen und Konzipieren von programmierbaren Handhabungsgeräten
Von R. D. Schraft. ISBN 3-7830-0115-3.
1977, 108 Seiten, kartoniert. 32,— DM

Auslandsproduktion
Von W. Cypris. ISBN 3-7830-0145-5.
1978, 126 Seiten, kartoniert. 42,— DM

Wirtschaftlicher Einsatz von Mehrkoordinatenmeßgeräten
Von M. Dietzsch. ISBN 3-7830-0148-X.
1978, 142 Seiten, kartoniert. 52,— DM

Fertigungssteuerung bei flexiblen Arbeitsstrukturen
Von K.-G. Lederer. ISBN 3-7830-0146-3.
1978, 128 Seiten, kartoniert. 42,— DM

Untersuchungen zum Polieren und Entgraten durch elektrochemisches Oberflächenabtragen
Von K. Zerweck. ISBN 3-7830-0150-1.
1978, 110 Seiten, kartoniert. 40,— DM

Stufenweise Ableitung eines praktischen Planungssystems für den Entwicklungsbereich
Von R. Hichert. ISBN 3-7830-0149-8.
1978, 151 Seiten, kartoniert. 52,— DM

Produktionsplanung mit Auftragsfamilien
Von U. W. Geitner. ISBN 3-7830-0161.7.
1979, 110 Seiten, kartoniert. 45,— DM

Thermisch-chemisches Entgraten
Von T. Wagner. ISBN 3-7830-0164-1.
1979, 111 Seiten, kartoniert. 45,— DM

Untersuchung der Materialflußkosten bei ausgewählten Systemen der Zentralen Arbeitsverteilung
Von R. Wenzel. ISBN 3-7830-0162-5.
1979, 168 Seiten, kartoniert. 86,— DM

Anpassung und Einführung eines Planungssystems für die Ablaufplanung im Konstruktionsbereich
Von W. Dangelmaier. ISBN 3-7830-0163-3.
1979, 168 Seiten, kartoniert. 80,— DM

Längenmessungen an bewegten Teilen mit berührungslos wirkenden Aufnehmern
Von H. Lang. ISBN 3-7830-0157-9.
1979, 89 Seiten, kartoniert. 42,— DM

Untersuchung multistabiler Strömungselemente und ihr Einsatz in sequentiellen Steuerungen
Von A. Ernst. ISBN 3-7830-0157-9.
1979, 122 Seiten, kartoniert. 48,— DM

Taktile Sensoren für programmierbare Handhabungsgeräte
Von M. Schweizer. ISBN 3-7830-0158-7.
1979, 91 Seiten, kartoniert. 42,— DM

Die rechnerunterstützte Prüfplanung
Von P. Blasing. ISBN 3-7830-0152-8.
1979, 100 Seiten, kartoniert. 44,— DM

Verfahren zur Fabrikplanung im Mensch-Rechner-Dialog am Bildschirm
Von W. Ernst. ISBN 3-7830-0156-0.
1979, 218 Seiten, kartoniert. 72,— DM

Rechnerunterstütztes Verfahren zur Leistungsabstimmung von Mehrmodell-Montagesystemen
Von M. Görke. ISBN 3-7830-0155-2.
1979, 139 Seiten, kartoniert. 50,— DM

Standortbezogene Betriebsmittel
Von G. Pflieger. ISBN 3-7830-0167-6.
1979, 127 Seiten, kartoniert. 52,— DM

Die betriebswirtschaftliche Beurteilung neuer Arbeitsformen
Von B.-H. Zippe. ISBN 3-7830-0168-4.
1979, 350 Seiten, kartoniert. 98,— DM

Untersuchung des Arbeitsverhaltens programmierbarer Handhabungsgeräte
Von B. Brodbeck. ISBN 3-7830-0169-2.
1979, 117 Seiten, kartoniert. 48,— DM

Untersuchung eines kohärent-optischen Verfahrens zur Rauheitsmessung
Von N. Rau. ISBN 3-7830-0174-9.
1979, 117 Seiten, kartoniert. 48,— DM

Entwicklung einer programmierbaren, pneumatischen Steuerung
Von D. Klemenz. ISBN 3-7830-0171-4.
1979, 93 Seiten, kartoniert. 42,— DM

Diese Berichte sind zu beziehen durch den Krausskopf-Verlag, Lessingstraße 12, 6500 Mainz

IPA Forschung und Praxis

Berichte aus dem Fraunhofer-Institut für Produktionstechnik und Automatisierung, Stuttgart, und dem Institut für Industrielle Fertigung und Fabrikbetrieb der Universität Stuttgart

Herausgeber: Prof. Dr.-Ing. H. J. Warnecke

38 **Arbeitsgangterminierung mit variabel strukturierten Arbeitsplänen — Ein Beitrag zur Fertigungssteuerung flexibler Fertigungssysteme**
Von U. Maier. ISBN 3-540-10213-2.
1980, 111 Seiten mit 45 Abbildungen. 43,— DM

39 **Kapazitätsabgleich bei flexiblen Fertigungssystemen**
Von P. S. Nieß. ISBN 3-540-10372-4.
1980, 151 Seiten mit 57 Abbildungen. 48,— DM

40 **Schichtdickenverteilung auf galvanisierten Paßteilen am Beispiel kleiner abgesetzter Wellen und Bohrungen**
Von D. Wolfhard. ISBN 3-540-10373-2.
1980, 177 Seiten mit 83 Abbildungen. 48,— DM

41 **Planung von Mehrstellenarbeit unter Berücksichtigung von Umfeldaufgaben**
Von S. Häußermann. ISBN 3-540-10374-0.
1980, 136 Seiten mit 59 Abbildungen. 48,— DM

42 **Untersuchungen zur Schmierfilmdicke in Druckluftzylindern — Beurteilung der Abstreifwirkung und des Reibungsverhaltens von Pneumatikdichtungen mit Hilfe eines neu entwickelten Schmierfilmdickenmeßverfahrens**
Von R. Köhnlechner. ISBN 3-540-10375-9.
1980, 100 Seiten mit 38 Abbildungen und 4 Tabellen. 43,— DM

43 **Typologie zum überbetrieblichen Vergleich von Fertigungssteuerungsverfahren im Maschinenbau**
Von G. Rabus. ISBN 3-540-10376-7.
1980, 174 Seiten mit 88 Abbildungen und 21 Tafeln. 48,— DM

44 **System zur Planung des Umlaufbestandes in Betrieben mit Serienfertigung**
Von K.-G. Wilhelm. ISBN 3-540-10377-5.
1980, 142 Seiten mit 67 Abbildungen und 15 Tafeln. 48,— DM

45 **Rechnerunterstützte Arbeitsplanerstellung mit Kleinrechnern, dargestellt am Beispiel der Blechbearbeitung**
Von W. Hoheisel. ISBN 3-540-10505-0.
1981, 169 Seiten mit 74 Abbildungen. 48,— DM

46 **Beitrag zur Verbesserung der Wirtschaftlichkeit EDV-unterstützter Fertigungssteuerungssysteme durch Schwachstellenanalyse**
Von J. Lienert. ISBN 3-540-10506-9.
1981, 148 Seiten mit 37 Abbildungen. 48,— DM

47 **Die Abscheidung von Öl an Entlüftungsöffnungen drucklufttechnischer Anlagen**
Von W.-D. Kiessling. ISBN 3-540-10604-9.
1981, 117 Seiten mit 48 Abbildungen und 3 Tabellen. 43,— DM

48 **Dynamische Optimierung technisch-ökonomischer Systeme**
Von J. Warschat. ISBN 3-540-10717-7.
1981, 132 Seiten mit 60 Abbildungen. 43,— DM

49 **Bildsensor zur Mustererkennung und Positionsmessung bei programmierbaren Handhabungsgeräten**
Von H. Geißelmann. ISBN 3-540-10735-5.
1981, 125 Seiten mit 52 Abbildungen. 43,— DM

50 **Verfügbarkeitsberechnung für komplexe Fertigungseinrichtungen**
Von Ekkehard Gericke. ISBN 3-540-10779-7.
1981, 132 Seiten mit 71 Abbildungen. 43,— DM

51 **Materialflußgestaltung in Fertigungssystemen**
Von Willi Rößner. ISBN 3-540-10888-2.
1981, 149 Seiten mit 76 Abbildungen. 48,— DM

52 **Beitrag zur Analyse der Auswirkungen der Mikroelektronik, dargestellt am Beispiel der Büromaschinen-Industrie**
Von Werner Neubauer. ISBN 3-540-10991-9.
1981, 145 Seiten mit 27 Abbildungen und 47 Tabellen. 43,— DM

53 **Modelle von Informationssystemen zur kurzfristigen Fertigungssteuerung und ihre Gestaltung nach betriebsspezifischen Gesichtspunkten**
Von Roland Gentner. ISBN 3-540-10992-7.
1981, 181 Seiten mit 69 Abbildungen und 7 Tabellen. 48,— DM

54 **Entwicklung von Verfahren zur Terminplanung und -steuerung bei flexiblen Montagesystemen**
Von Jürgen H. Kölle. ISBN 3-540-11227-8.
1981, 132 Seiten mit 64 Abbildungen und 1 Faltplan. 43,— DM

55 **Arbeits- und Kapazitätsteilung in der Montage**
Von Stefan Dittmayer. ISBN 3-540-11228-6.
1981, 124 Seiten und 56 Abbildungen. 43,— DM

Die Berichte 38 und folgende sind zu beziehen durch den Springer-Verlag, Berlin Heidelberg New York Tokyo

IPA Forschung und Praxis

Berichte aus dem Fraunhofer-Institut für Produktionstechnik und Automatisierung, Stuttgart, und dem Institut für Industrielle Fertigung und Fabrikbetrieb der Universität Stuttgart

Herausgeber: Prof. Dr.-Ing. H. J. Warnecke

56 **Beitrag zur systematischen Planung der Qualitätsprüfung bei Klein- und Mittelserienfertigung**
Von Herbert Babic. ISBN 3-540-11325-8
1982, 108 Seiten mit 38 Abbildungen und 7 Tabellen. 53.– DM

57 **Methode zur rechnerunterstützten Einsatzplanung von programmierbaren Handhabungsgeräten**
Von Uwe Schmidt-Streier. ISBN 3-540-11355-X.
1982, 188 Seiten mit 72 Abbildungen. 53.– DM

58 **Werkstoff- und Energiekennwerte industrieller Lackieranlagen, am Beispiel der Automobilindustrie**
Von Rainer Manfred Thiel. ISBN 3-540-11356-8.
1982, 116 Seiten mit 59 Abbildungen. 53.– DM

59 **Maßnahmen zum Verbessern der pneumatischen Lackzerstäubung – Teilchengrößenbestimmung im Spritzstrahl –**
Von Klaus Werner Thomer. ISBN 3-540-11507-2.
1982, 162 Seiten mit 94 Abbildungen und 1 Tabelle. 53.– DM

60 **Ermittlung und Bewertung von Rationalisierungsmaßnahmen im Produktionsbereich**
Von Jürgen Schilde. ISBN 3-540-11730-X.
1982, 158 Seiten mit 57 Abbildungen. 53.– DM

61 **Untersuchung von Verfahren der Reihenfolgeplanung und ihre Anwendung bei Fertigungszellen**
Von Mohamed Osman. ISBN 3-540-11747-4.
1982, 124 Seiten mit 32 Abbildungen und 3 Tabellen. 53.– DM

62 **Ein Simulationsmodell zur Planung gruppentechnologischer Fertigungszellen**
Von Volker Saak. ISBN 3-540-11747-4.
1982, 134 Seiten mit 53 Abbildungen. 53.– DM

63 **Verfahren zur technischen Investitionsplanung automatisierter Fertigungsanlagen**
Von Günter Vettin. ISBN 3-540-11747-4.
1982, 134 Seiten mit 63 Abbildungen. 53.– DM

64 **Pneumatische Sensoren zur prozeßsimultanen Messung des Werkzeugverschleißes und zur Kollisionsvermeidung beim Messerkopffräsen**
Von Wolfgang Jentner. ISBN 3-540-11747-4.
1982, 126 Seiten mit 47 Abbildungen und 6 Tabellen. 53.– DM

65 **Rechnerunterstützte Gestaltung ortsgebundener Montagearbeitsplätze, dargestellt am Beispiel kleinvolumiger Produkte**
Von Eberhard Haller. ISBN 3-540-12015-7.
1982, 130 Seiten mit 43 Abbildungen. 53.– DM

66 **Fernsehüberwachung von Schutzgasschweißvorgängen mit abschmelzender Elektrode MIG – MAG**
Von Ruprecht Niepold. ISBN 3-540-12181-7.
1983, 178 Seiten mit 73 Abbildungen und 5 Tabellen. 58.– DM

67 **Entwicklung flexibler Ordnungssysteme für die Automatisierung der Werkstückhandhabung in der Klein- und Mittelserienfertigung**
Von Karl Weiss. ISBN 3-540-12455-1.
1983, 116 Seiten mit 68 Abbildungen. 58.– DM

68 **Automatisierte Überwachungsverfahren für Fertigungseinrichtungen mit speicherprogrammierten Steuerungen**
Von Werner Eißler. ISBN 3-540-12456-X.
1983, 128 Seiten mit 66 Abbildungen. 58.– DM

69 **Prozeßüberwachung beim Galvanoformen**
Von Jürgen Wilhelm Böcker. ISBN 3-540-12457-8.
1983, 118 Seiten mit 32 Abbildungen. 58.– DM

70 **LAPEX - Ein rechnerunterstütztes Verfahren zur Betriebsmittelzuordnung**
Von Stephan Mayer. ISBN 3-540-12490-X.
1983, 162 Seiten mit 34 Abbildungen und 2 Tabellen. 58.– DM

71 **Gestaltung eines integrierten Produktionssystems für die Sortenfertigung unter Einsatz der Clusteranalyse**
Von Gerald Weber. ISBN 3-540-12650-3.
1983, 194 Seiten mit 54 Abbildungen. 58.– DM

72 **Gußputzen mit sensorgeführten, programmierbaren Handhabungsgeräten**
Von Eberhard Abele. ISBN 3-540-12651-1.
1983, 133 Seiten mit 66 Abbildungen. 58,– DM

73 **Untersuchungen zur Herstellung und zum Einsatz galvanogeformter Erodierelektroden**
Von Harald Müller. ISBN 3-540-12822-0.
1983, 148 Seiten mit 78 Abbildungen. 58,– DM

74 **Ein Beitrag zur Optimierung der Prozeßführungsstrategien automatisierter Förder- und Materialflußsysteme**
Von Hans Steffens. ISBN 3-540-12968-5.
1983. 161 Seiten mit 60 Abbildungen. 58,– DM

GPSR Compliance

The European Union's (EU) General Product Safety Regulation (GPSR) is a set of rules that requires consumer products to be safe and our obligations to ensure this.

If you have any concerns about our products, you can contact us on ProductSafety@springernature.com

In case Publisher is established outside the EU, the EU authorized representative is:

Springer Nature Customer Service Center GmbH
Europaplatz 3
69115 Heidelberg, Germany

Batch number: 10682427

Printed by Printforce, the Netherlands